计算机科学素养

Python 程序设计

主　编　葛　宇

副主编　赵晴凌　沈　轶

　　　　罗　丽　张永来

科学出版社

北　京

内 容 简 介

本书是面向非计算机专业学生和 Python 初学者的"计算机科学素养"丛书之一。作为 Python 编程入门教程，本书语法及功能介绍以够用、实用和应用为原则，将 Python 语言融入问题求解中；案例选取贴近生活，有助于提高学生的学习兴趣；内容呈现直观、形象，知识点讲解深入浅出、通俗易懂。

本书可作为高校计算机公共课、程序设计基础类课程的教材，也可作为计算机爱好者学习程序设计的入门参考书。

图书在版编目(CIP)数据

Python 程序设计/葛宇主编. —北京：科学出版社，2022.1
（计算机科学素养）
ISBN 978-7-03-070800-7

Ⅰ.①P…　Ⅱ.①葛…　Ⅲ.①软件工具－程序设计－高等学校－教材　Ⅳ.①TP311.561

中国版本图书馆 CIP 数据核字(2021)第 253080 号

责任编辑：于海云　张丽花 / 责任校对：王　瑞
责任印制：赵　博 / 封面设计：迷底书装

科 学 出 版 社 出版
北京东黄城根北街 16 号
邮政编码：100717
http://www.sciencep.com
天津市新科印刷有限公司印刷
科学出版社发行　各地新华书店经销
＊
2022 年 1 月第 一 版　开本：787×1092　1/16
2024 年 7 月第五次印刷　印张：12 1/2
字数：320 000
定价：49.80 元
（如有印装质量问题，我社负责调换）

前　言

本书以党的二十大精神为指导，以立德树人为根本任务，全面加强学生信息化运用能力的培养。随着当今社会信息化、智能化的发展，人们对计算机的认识已从过去唯工具论的应用时代全面进入围绕问题求解的计算思维时代。未来，不论是计算机专业人士还是非专业人士，都必须学会运用计算机思维方式解决工作和生活遇到的问题。在这样的背景下，程序设计在高校计算机基础教育中就显得尤为重要。

传统程序设计语言(如 Java、C)的语法较为复杂，需要掌握的细节和概念较多，即使实现一个简单功能，也要编写较复杂的代码，容易使学生产生畏难情绪，影响学习体验。Python 语言具有简单易学、资源丰富、开发生态完整等特点，能把初学者从语法细节中解脱出来，专注于解决问题本身。因此，我们选择 Python 作为高校计算机基础课程的教学语言，并以此贯彻程序设计的基本思想和方法(理解需求、求解问题、程序实现)，培养大学生分析问题和解决问题的计算思维能力，可以为学生将来所从事的工作打下坚实基础。

本书定位是：将 Python 作为第一门程序设计语言，系统介绍 Python 程序设计的基础知识。全书共分 6 章，主要包括 Python 编程入门、Python 语言基础、Python 程序控制结构、组合数据类型、函数和文件等内容。

本书的编写源于教学的需求，我们希望通过一本结构紧凑、内容合理、自成体系的教材来更好地助力教学，帮助学生理解、掌握 Python 语言编程的基本思想和开发生态，并最终完成运用计算思维方式来解决问题能力的培养。本书遵循从浅到深、循序渐进的学习规律，每章配有思维导图、小结、习题，帮助学生厘清知识脉络，巩固基础知识，适合初学者进行 Python 程序设计入门学习。本书提供配套教学课件，任课教师可以关注"科学 EDU"微信公众号申请课件。

本书由葛宇任主编，由赵晴凌、沈轶、罗丽、张永来任副主编。第 1 章由葛宇编写，第 2 章由赵晴凌编写，第 3 章由沈轶编写，第 4 章、第 6 章由罗丽编写，第 5 章由张永来编写。葛宇负责全书结构、风格设计及统稿工作。

在本书编写过程中得到了四川师范大学计算机科学学院领导、教师们的大力支持和帮助，在此表示衷心的感谢！特别感谢所有参编教师的家人给予的理解和支持。

由于编者水平有限，加上时间仓促，书中若有疏漏和不足之处，敬请读者批评指正和交流。

编　者

2024 年 6 月

目　录

第1章

Python 编程入门

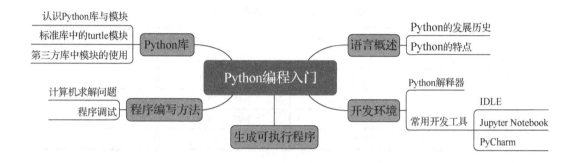

1.1 Python 语言概述

编程语言也称为计算机语言，计算机每执行一次动作、一个步骤，都是按照已经用计算机语言编写好的程序来执行。如今编程语言多种多样，Python 就是众多编程语言之一。

Python 是一种简洁但功能强大的编程语言，用它设计的程序可读性很强。它在开发过程中没有编译环节，意味着用户可以在一个 Python 终端直接执行每行代码。它支持广泛的应用程序开发，能实现从简单的文字处理到 Web 应用再到游戏等不同领域的软件开发。对非计算机专业人士而言，选择 Python 编程语言的学习成本低、效率高。

1.1.1 Python 的发展历史

Python 由荷兰人 Guido van Rossum（吉多·范·罗苏姆）于 1989 年底出于娱乐目的而设计，Guido 希望 Python 语言能够像 C 语言（当时很流行的编程语言）那样全面调用计算机的功能接口，且易阅读、易使用、易记忆、易学习、易拓展，并能以此来激发人们学习编程的兴趣。

1991 年，第一个 Python 解释器诞生。它是用 C 语言实现的，并能调用 C 语言库。刚开始，Python 就包括了类（class）、函数（function）、异常处理（exception）、表（list）、字典（dictionary）在内的核心功能和数据类型，以及以模块（module）为基础的拓展系统。Python 语法很多来自 C 语言，如赋值、定义函数等。同时，Python 又加入了一些富有特色的语法规则（如强制缩进等），让 Python 代码更容易阅读。

Python 将许多底层细节隐藏，并凸显出逻辑层面的编程思考，让程序员可以有更多的时间来思考程序的逻辑，而不是具体的实现细节。这一特征吸引了广大的程序员，也是

Python 流行的原因之一。

　　最初的 Python 完全由 Guido 个人开发，后来 Python 吸引了不同领域的开发者，他们将各自领域的优点集于 Python，逐步丰富和完善了 Python 的功能和开发生态。2008 年 12 月，Python 发布了 3.0 版本（也称为 Python 3000，或简称 Py3k）。Python 3.0 是一次重大的升级，没有考虑与之前版本的兼容，加入了数据类、枚举、路径遍历、异步处理、输入预提示、解包扩展等新特性。Python 3.0 因其简洁、方便，受到了绝大部分开发者的认同。随后，Python 团队不断加入新功能，推出了后续升级版本，如表 1-1 所示。

表 1-1　Python 版本发布时间

时间	Python 发布的版本	时间	Python 发布的版本
2009 年 6 月	3.1 版本	2016 年 12 月	3.6 版本
2011 年 2 月	3.2 版本	2018 年 6 月	3.7 版本
2012 年 9 月	3.3 版本	2019 年 10 月	3.8 版本
2014 年 3 月	3.4 版本	2020 年 10 月	3.9 版本
2015 年 9 月	3.5 版本	……	……

　　到今天，Python 的框架已经确立。Python 语言以对象为核心组织代码，自动进行内存回收。Python 支持解释运行，并能调用 C 语言库进行拓展。Python 拥有第三方库中的模块，如 Django、wxpython、numpy、matplotlib、PIL 等，这些标准库和第三方库将 Python 升级成了一种具有完整开发生态的流行编程语言。

1.1.2　Python 的特点

　　Python 是一种计算机程序设计语言，也是一种面向对象的动态类型语言，最初用于编写自动化脚本。随着版本的不断更新和语言新功能的添加，它越来越多地用于独立、大型项目开发。通常来说 Python 有如下特点。

　　1.　简单

　　Python 是一种代表简单主义思想的语言。阅读一个良好的 Python 程序就感觉像在读一篇英语文章一样，它使你能够专注于解决问题而不是去搞明白语言本身。

　　2.　易学

　　因为 Python 有极其简单的说明文档，所以 Python 容易上手。

　　3.　速度快

　　Python 的底层是用 C 语言编写的，很多标准库和第三方库也都是用 C 语言编写的，运行速度非常快。

　　4.　免费、开源

　　Python 是 FLOSS（自由/开放源码软件）之一。使用者可以不受限制地阅读它的源代码，对它做改动，或把它的一部分用于新的软件中。

5. 高层语言

用 Python 语言编写程序时，无需考虑诸如如何管理你的程序使用内存一类的底层细节。

6. 可移植性

由于它的开源本质，Python 已经被移植到许多平台上（经过改动就能工作在不同平台上）。这些平台包括 Linux、Windows、FreeBSD、Macintosh、Solaris、OS/2、Amiga、AROS、AS/400、BeOS、OS/390、z/OS、Palm OS、QNX、VMS、Psion、PlayStation、Symbian，以及 Google 基于 Linux 开发的 Android 平台。

7. 解释性

一个用编译性语言（如用 C 或 C++编写的程序）可以从源文件（C 或 C++语言）转换到一段计算机语言对应的代码（二进制代码，即 0 和 1）。这个过程通过编译器和不同的标记、选项来完成。

Python 和编译性语言（如 C 或 C++）对应的程序执行过程不同，在计算机内部，Python 解释器先把源代码转换成称为字节码的中间形式，然后再把它翻译成计算机的机器语言并运行。从而使用 Python 更加简单，Python 程序更加易于移植。

8. 面向对象

Python 既支持面向过程的编程，也支持面向对象的编程。在面向过程的语言中，程序是由过程或可重用代码的函数构建起来的。在面向对象的语言中，程序是由数据和功能组合而成的对象构建起来的。

9. 可扩展性

如果需要一段关键代码运行得更快或者希望某些算法不公开，可以将部分程序用 C 或 C++编写，然后在 Python 程序中使用它们。

10. 可嵌入性

可以把 Python 嵌入 C 或 C++程序，从而向程序用户提供脚本功能。

11. 模块丰富

Python 标准库中模块很庞大，它们可以处理各种工作，包括正则表达式、文档生成、单元测试、线程、数据库、网页浏览器、CGI（通用网关接口）、电子邮件、XML（可扩展标记语言）、HTML（超文本标记语言）、密码系统、GUI（图形用户界面）和其他与系统有关的操作。Python 功能齐全，除了标准库的模块以外，还有许多第三方库中的模块，如 wxPython、Twisted 等。

12. 代码规范

Python 采用强制缩进的方式使得代码具有较好可读性。

基于以上特点，国内外用 Python 做科学计算的研究机构日益增多，一些知名大学已经采用 Python 来教授程序设计课程。例如，卡耐基梅隆大学的编程基础、麻省理工学院的计算机科学及编程导论就使用 Python 语言讲授。众多开源的科学计算软件包都提供了 Python 的调用接口，如著名的 OpenCV（计算机视觉）、VTK（三维可视化）、ITK（医学图像处理）。Python 专用的科学计算扩展模块就更多了，例如经典的科学计算扩展模块：NumPy、SciPy 和 matplotlib，它们分别为 Python 提供了快速数组处理、数值运算及绘图功能。因此 Python 语言及其众多的扩展功能所构成的开发环境，十分适合处理数据、制作图表，甚至开发科学计算应用程序。

1.2　Python 开发环境

用 Python 进行程序开发，需要安装相应的开发工具和 Python 解释器。因为 Python 是跨平台的，所以在安装之前，先要确定在哪一个操作系统平台上安装。目前常用的是 Windows、Mac OS 和 Linux 三大操作系统，其中 Windows 使用的人数最多。本书主要介绍 Windows 系统中 Python 运行环境搭建与程序开发。

1.2.1　安装 Python 解释器

我们编写程序代码，就是要让计算机按照我们的想法去工作。程序代码是用编程语言编写的，计算机只能听懂机器指令，无法理解 Python 编写的程序代码。所以，我们需要一个翻译软件，把 Python 语言翻译成计算机 CPU 能理解的机器指令，这个翻译软件就是 Python 解释器。

用户运行 Python 程序，就是运行 Python 解释器，并让解释器读取程序员写好的 Python 代码文件，把 Python 代码翻译成机器指令让计算机 CPU 执行，这个原理如图 1-1 所示。

图 1-1　Python 解释器工作原理

没有 Python 解释器无法运行 Python 代码，使用 Python 的第一步就是安装 Python 解释器。下面以 Python 3.6.3 版本为例。介绍在 Windows 系统上如何安装 Python 解释器。

（1）到 Python 的官网（https://www.python.org/downloads）下载相应操作系统平台的 Python 解释器安装文件，如图 1-2 所示。

（2）安装 Python 解释器，运行下载的.exe 文件，显示如图 1-3 所示的 Python 安装界面。选中界面下方的"Add Python 3.6 to PATH"复选框，这样安装程序就会自动将 Python 的路径加到 PATH 环境变量中。单击"Install Now"或"Customize installation"即可开始安装，安装完成后出现如图 1-4 所示的安装完成界面。

图 1-2　Python 3.6.3 下载页面

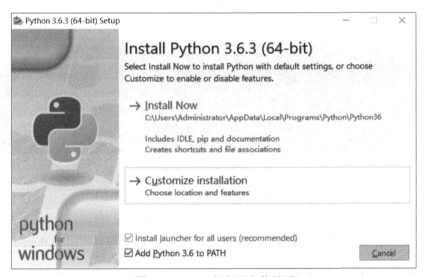

图 1-3　Python 解释器安装界面

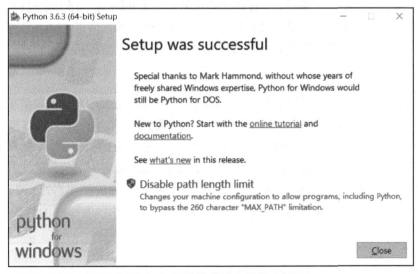

图 1-4　Python 解释器安装完成界面

(3)检验安装成功并执行 Python 命令。具体操作是：打开命令窗口输入 Python 命令，出现 Python 版本提示则表示安装成功，如图 1-5 所示。可以在"＞＞＞"符号后面直接输入 Python 代码按 Enter 键执行，如图 1-6 所示为输入了"100+100"后执行的效果。若要回到 Windows 命令行中，可以输入语句 exit()并按 Enter 键执行。

图 1-5　测试 Python 解释器安装成功

图 1-6　解释器执行 Python 代码

图 1-6 中的 Python 代码执行方式也称为交互式命令行，它主要用来快速执行一些简单的代码，而关闭命令窗口后输入的代码是无法保存的。在程序开发过程中，用户需要编写代码并把它存储到文件中，再调用 Python 解释器执行，这就需要使用 Python 开发工具。

1.2.2　Python 常用开发工具

开发工具是指提供代码编辑、运行等功能的软件。在 Python 程序开发过程中，需要一些开发工具来有效地帮助程序员加快开发速度、提高开发效率，所以 Python 开发工具是必不可少的。以下介绍 3 种常用的开发工具。

1. IDLE

IDLE 是开发 Python 程序的基本工具，具备程序调试、运行的功能，是简单 Python 开发不错的选择。当安装好 Python 解释器以后，IDLE 就自动安装好了，可以直接运行使用。IDLE 由 Shell 和编辑器两部分组成，其中 Shell 是 Python 语言的执行工具，如图 1-7 所示。通过图 1-7 中的 File 菜单创建新文件即可打开编辑器，编辑器是编写代码的工具，如图 1-8 所示。在编辑器中编写完代码并保存完毕后(Python 程序文件的扩展名为.py)，通过编辑器 Run 菜单下的 Run Module 命令运行代码，将会在 Shell 中执行编写的代码，如图 1-9 所示。

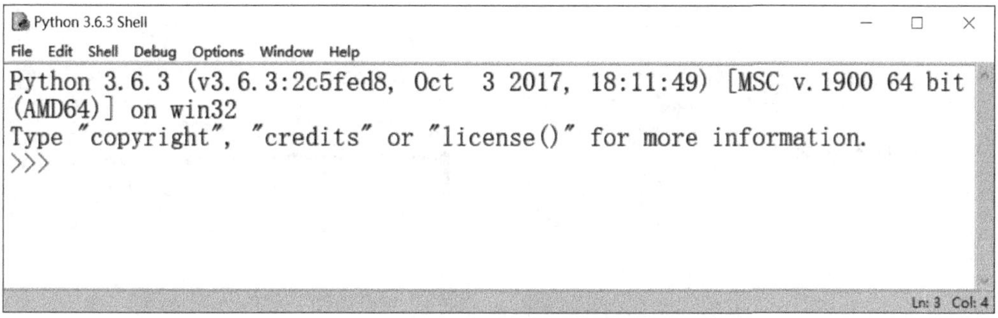

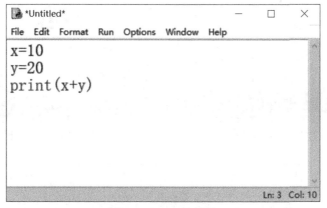

图 1-7　IDLE Shell

图 1-8　IDLE 编辑器

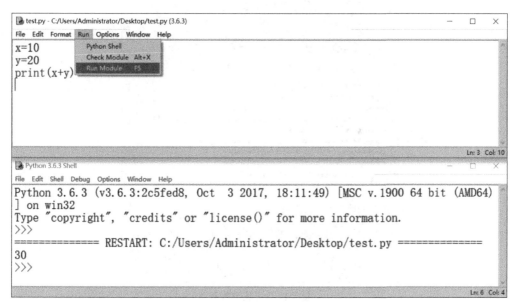

图 1-9　编辑器运行代码

通过编辑器或 Shell 窗口的 Options 菜单中 Configure IDLE 命令，能进行字体、字号、背景色和快捷键的配置，分别如图 1-10～图 1-12 所示。

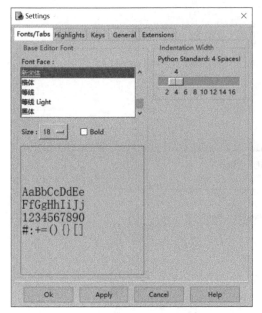

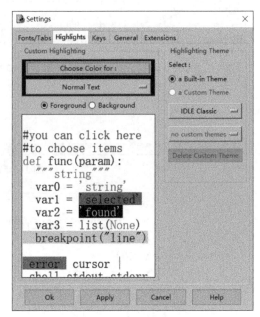

图 1-10　字体、字号配置　　　　　　　　　　图 1-11　背景色配置

图 1-12　快捷键配置

2. Jupyter Notebook

Jupyter Notebook 是基于网页、用于交互计算的应用程序，可用于全过程计算、开发、文档编写、运行代码和展示结果。简而言之，Jupyter Notebook 是以网页的形式打开，可

以在网页中直接编写代码和运行代码，代码的运行结果也会直接在网页中显示。如在编程过程中需要编写说明文档，可在同一个页面中直接编写，便于程序员进行说明和注释。

　　Jupyter Notebook 的安装非常简单，安装好 Python 解释器后，直接在系统的 cmd 命令窗口中输入"pip install jupyter"命令即可开始安装，如图 1-13 所示。

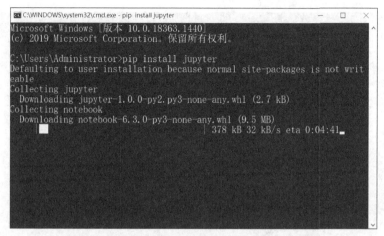

图 1-13　在 cmd 命令窗口中安装 Jupyter Notebook

　　在 Python 3.6.3 版本下用默认方式安装完 Jupyter Notebook 后，还需将 Jupyter Notebook 的运行路径 C:\Users\Administrator\AppData\Roaming\Python\Python36\Scripts（不同计算机的运行路径会有差异，可根据安装提示查看）配置到系统环境变量中，如图 1-14 所示。

图 1-14　Jupyter Notebook 运行路径配置

安装完成后，在 cmd 命令窗口中输入命令"jupyter notebook"（图 1-15）即可启动 Jupyter Notebook 开发工具（图 1-16）。需要注意的是，在使用过程中不能关闭图 1-15 中的 cmd 命令窗口。

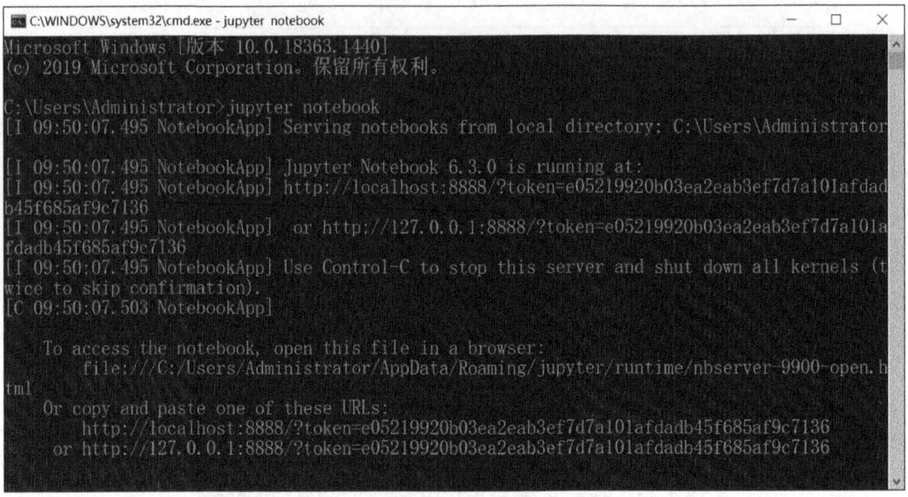

图 1-15　在 cmd 命令窗口中启动 Jupyter Notebook

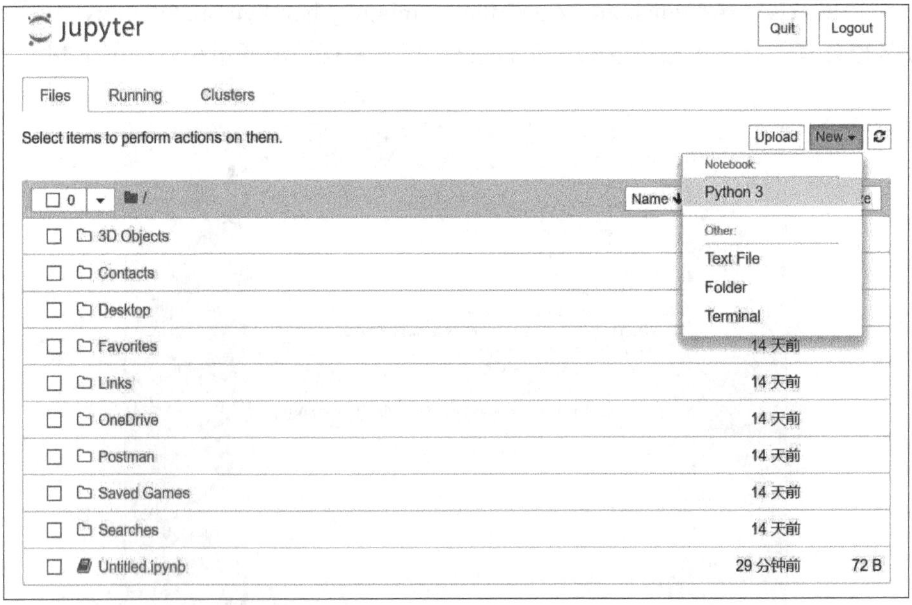

图 1-16　Jupyter Notebook 界面

在图 1-16 中，单击右上部分的 New 按钮，选择 Python 3 即可新建 Python 程序，如图 1-17 所示。直接输入代码，单击工具栏中 Run 按钮便可看到如图 1-17 所示的运行结果。在 File 菜单中选择对应的保存功能即可保存程序。

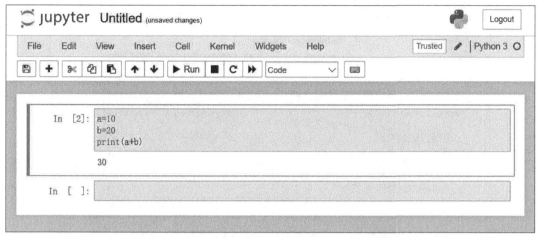

图 1-17　Jupyter Notebook 新建并运行 Python 程序

3. PyCharm

PyCharm 是目前 Python 语言较流行的集成开发工具之一，支持跨平台开发，拥有 Microsoft Windows、Mac OS 和 Linux 版本。PyCharm 为用户提供了代码检查、高级调试、Web 编程等功能，可以帮助程序员提高 Python 开发效率。

用户可以从官方网址下载 PyCharm (https://www.jetbrains.com/pycharm/download)，它有两个版本：Professional 专业版和 Community 社区版，如图 1-18 所示。社区版是免费的，下面以社区版为例进行介绍。

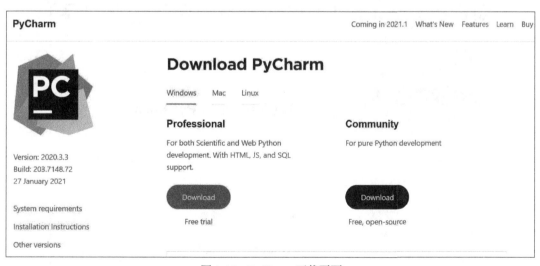

图 1-18　PyCharm 下载页面

在 PyCharm 的安装过程中，可以对快捷方式、关联 Python 程序文件(双击都是以 PyCharm 打开)等功能进行配置，如图 1-19 所示。

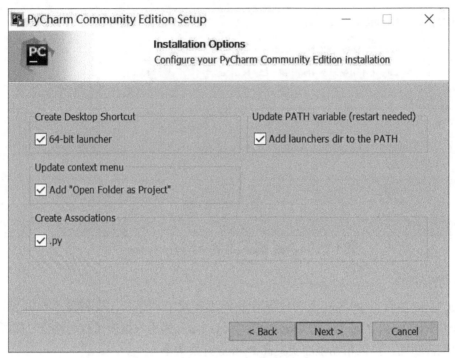

图 1-19　PyCharm 安装配置

安装完成后，运行 PyCharm 出现如图 1-20 所示界面。选择 New Project 进入创建 Python 项目的配置界面，如图 1-21 所示。

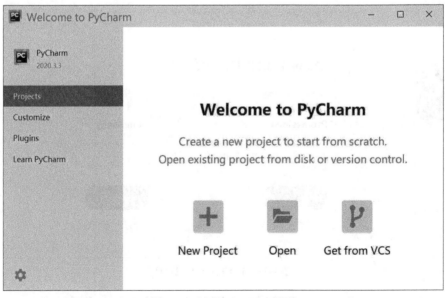

图 1-20　运行 PyCharm 界面

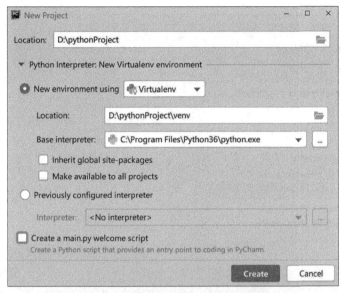

图 1-21　创建 Python 项目的配置界面

在图 1-21 所示界面中，顶部的 Location 是存放项目的路径（图中在 D 盘建立了 pythonProject 文件夹，用于存放 Python 项目），同时可以从 Base interpreter 中看到 PyCharm 已经自动获取了 Python 解释器。创建好项目后，进入 PyCharm 编辑界面，如图 1-22 所示。在此界面中对项目路径右击，在快捷菜单中选择 Python File 新建 Python 文件，根据提示输入名称后即可创建一个 Python 程序文件（扩展名为.py）。图 1-23 所示为创建并输入代码后的 Python 程序文件（test.py）。随后，单击如图 1-24 所示右键菜单中的 Run 'test' 命令，即可在代码下方显示运行结果。

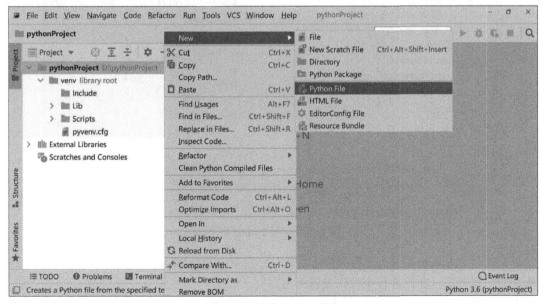

图 1-22　创建 Python 程序

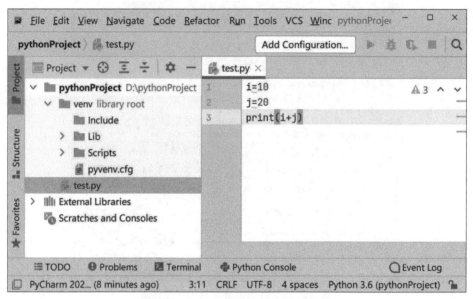

图 1-23　Python 程序文件中编写代码

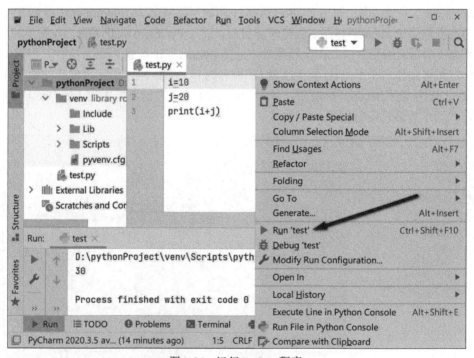

图 1-24　运行 Python 程序

若要对 PyCharm 的界面进行调整，选择 File 菜单中的 Settings 命令，即可打开如图 1-25 所示的配置界面，在此进行个性化设置即可。

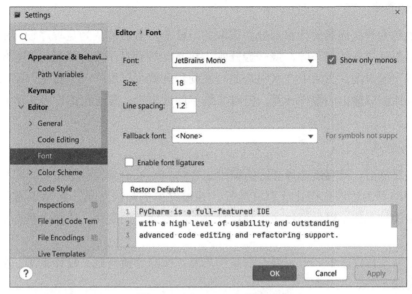

图 1-25　PyCharm 配置界面

1.3　程序编写方法

为了使计算机能够理解人的意图，程序员就必须将待解决问题的思路、方法和手段以计算机能够理解的形式告诉计算机，使计算机能够根据程序员的指令一步一步地工作，完成指定的任务。这是一项系统而烦琐的工作，它不仅需要程序设计者运用科学的程序编写方法，让程序代码易于理解和修改，还要让程序的结构更加合理，有助于提高程序的执行效率。

1.3.1　计算机求解问题

计算机求解问题的过程分为分析问题、设计算法和编写程序 3 个步骤。

1. 分析问题

用计算机来解决问题时，首先要对问题进行分析，计算机只能解决计算问题（即问题的计算部分），该部分一般由输入（Input）、处理（Process）和输出（Output）组成，简称 IPO。分析问题即按照 IPO 思路用计算思维的方式理解问题。其中，输入表示对应程序的输入部分，是一个程序的开始，由文件输入、网络输入、控制台输入、交互界面输入、内部参数输入等方式构成；处理表示程序对输入数据进行计算产生输出结果的过程，处理方法统称为算法，它是程序最重要的部分；输出是程序展示运算结果的方式，包含控制台输出、图形输出、文件输出、网络输出、操作系统内部变量输出等。

当我们面临一个问题需要用计算机求解时，需要分析已知条件下的初始状态和要达到的目标，结合 IPO 思维方式分析问题，划分问题的输入、输出，找出问题的计算部分，便于下一步设计算法。

2. 设计算法

算法就是为解决问题的计算部分而采取的方法与步骤，被认为是程序设计的精髓。比如，你要喝茶就要先找到茶叶，烧一壶开水，将茶叶放到杯子里，然后将开水倒入杯中，最后再等待一段时间。生活中烧水喝茶的一系列步骤就可以看作一个算法。就数字问题而言，算法包括获取输出的数学计算，但对非数字问题来说，算法包括许多文本和图像处理等操作步骤。

3. 编写程序

设计完算法后，就应该选择合适的编程语言(如 Python)编写计算程序，即把算法对应的解题步骤编写为程序代码让计算机运行，并最终得到相应结果。后续还需要进行程序调试与升级维护工作，以保证程序正确运行并能适应问题的变化，让程序获得更长的生命周期。

在动手编写程序之前，一定要有清晰的思路，按照分析问题、设计算法、编写程序的顺序逐步完成。

【例 1-1】 已知半径，用计算机实现求对应圆的面积、周长，以及球体积。

问题分析：欲实现例中计算结果，需要输入半径，用变量 R 表示；输出的结果圆面积用变量 S 表示，周长用变量 D 表示，球体积用变量 V 表示。问题的计算部分是已知半径求圆面积、圆周长、球体积。计算部分对应的算法设计非常简单，直接套用数学公式即可实现，如式(1-1)~式(1-3)所示。

$$S = 3.14 \times R^2 \tag{1-1}$$

$$D = 2 \times 3.14 \times R \tag{1-2}$$

$$V = \frac{4}{3} \times 3.14 \times R^3 \tag{1-3}$$

参考代码：

```
1. R=eval(input('请输入半径: '))      #接收输入，转换成数值存于变量 R
2. S=3.14*R*R                         #计算面积存于变量 S
3. D=2*3.14*R                         #计算周长存于变量 D
4. V=(4/3)*3.14*R*R*R                 #计算体积存于变量 V
5. print('圆面积=',S,';圆周长=',D,';球体积=',V)
```

运行结果：

```
请输入半径: 9
圆面积=254.34 ;圆周长=56.52 ;球体积=3052.08
```

问题拓展：按照本例方法，用计算机实现已知三角形 3 条边的长度，求三角形周长和面积。

当需要通过编程解决一个问题时，切忌拿到任务后不仔细分析就写程序。即使是简单程序，也要养成良好的编程习惯，否则一旦出现思维混乱，后期花在程序调试上的时间会更多。

1.3.2　程序调试

在程序编写的过程中,总会有各种各样的问题需要修正。对于简单问题,程序运行时会给出相应提示信息。以 PyCharm 开发工具为例,如图 1-26 所示就在下半部分窗口中给出了具体错误提示,告知用户第 9 行代码变量 S 前出现了错误,帮助程序员找到该错误是因为逗号没有按规定用英文标点而导致的。

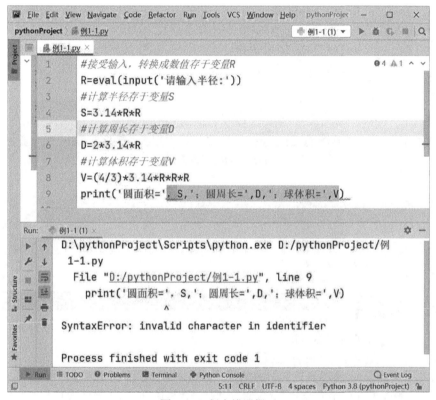

图 1-26　程序错误提示

对于复杂的问题,我们需要知道程序运行过程和运行过程中对应的变量值,这就需要一套程序调试手段来帮助排查。程序调试其实就是在程序投入实际运行前,对其进行测试,修正语法错误和逻辑错误的过程,这是保证计算机信息系统正确性必不可少的步骤。例如,PyCharm 提供的断点调试功能,可以让程序从指定位置开始逐行代码单步执行,同时显示每一步执行后变量的结果。如图 1-27 所示,在第 3 行代码位置设置了断点,选择 Run 菜单的 Debug 功能,程序运行到第 3 行代码就暂停了,如图 1-28 所示。在图 1-28 中右下方输出信息中即可见,程序当前对应的变量 R 值为 5.7,此时按 F8 键进行单步调试(每按 F8 键一次程序执行一行,同时显示中间结果)。如图 1-29 所示为按 F8 键进行单步调试执行完前 7 行语句后对应的效果,在右下方输出信息中可以看到变量 D、R、S、V 当前对应的值。

图 1-27　为程序设置断点

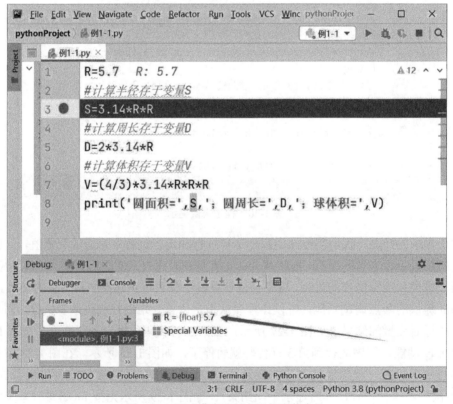

图 1-28　调试模式下程序运行到断点处

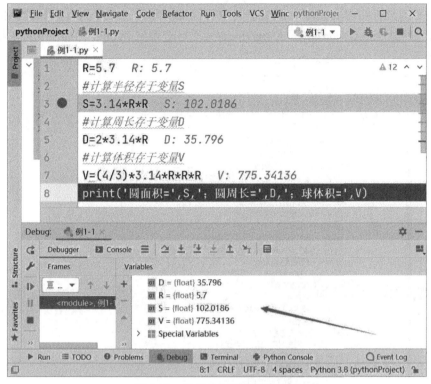

图 1-29　单步执行断点调试程序

1.4　Python 库

　　俗话说：库即语言，语言即库。拥有一套高质量的库对于一门开发语言来说显得尤为重要。库可以让程序员在开发过程中不需要反复编写最基础的代码，实现了代码的复用。比如，你想把某网站上的数据或图片"爬"下来，就需要处理底层网络连接的代码。在Python 中这些底层网络连接代码都已经写好并构造于库中，只需直接调用即可。程序员使用 Python 的各种库可以极大地提高程序开发效率。

1.4.1　认识 Python 库与模块

　　Python 库是模块的集合。模块是一种代码组织形式，它将彼此有关系的 Python 代码组织到一个个文件中。可以说，一个模块是某些功能代码的集合，我们通过导入库中对应的模块，就可以在自己的代码中使用其功能。比如：程序中需要产生一个 10～20 的随机整数，我们不需要考虑具体随机数的生成算法，只需直接导入标准库中的随机数模块（random），使用其 randint 函数便可实现，即 random.randint（10,20）。Python 中标准库模块可直接导入程序供开发人员使用；当 Python 标准库模块不能满足我们需求时，就会有很多程序员自己编写模块（这些模块称为第三方库），并把它发布到 pip 网站上供大家使用。另外，为了方便扩展模块功能，Python 还可用包（文件夹）对模块进行管理，将模块文件组织起来，以此来优化代码结构和提高可维护性。

  Python 的流行在很大程度上得益于其中的标准库和第三方库为程序员提供的丰富功能，在官方网站(https://docs.python.org/zh-cn/3)上可查询到 Python 标准库支持的模块，如图 1-30 所示。

图 1-30 Python 标准库模块

  如图 1-30 所示的模块已经随着 Python 解释器一起安装在计算机中，这些标准库模块是 Python 为用户准备好的利器，可以让用户的编程工作事半功倍。具体使用过程中，我们不需要记住所有模块的函数及用法，当有需求时到官方网站或其他平台查询即可。例如，程序需要使用随机数，可在文档中查询随机数(random)模块对应的函数及使用说明，如表 1-2所示。

表 1-2 random 模块的主要函数及使用说明

函数	说明
random()	产生 0~1 的随机浮点数
uniform(a, b)	产生指定范围内的随机浮点数
randint(a, b)	产生指定范围内的随机整数
randrange([start], stop[, step])	从一个指定步长的集合中产生随机数
choice(sequence)	从序列中产生一个随机数
shuffle(x[, random])	将一个列表中的元素打乱
sample(sequence, k)	从序列中随机获取指定长度的片断
seed(a)	初始化随机数种子，缺省参数为当前系统时间，通常用于产生可重复的数据序列

在确认了需要使用的模块及功能后，需要导入模块并将它运用到程序中。Python 模块的导入方式有使用 import 导入和使用 from…import…导入两种，具体介绍如下。

1. 使用 import 导入模块

格式 1：import 模块 1, 模块 2, …

格式 2：import 模块 1 as 别名

说明：可一次导入一个模块，也可一次导入多个模块。

```
import random                #导入一个模块
import time,pygame           #导入多个模块
import random as rd          #导入 random 模块并以 rd 作为别名
```

模块导入之后便可以通过"模块名.函数名"的方式使用模块中的功能。以上面导入的 random 模块为例，使用该模块产生指定范围内的随机整数，代码及执行效果如下：

```
>>> import random
>>> random.randint(10,20)
14
>>> import random as rd      #别名方式使用模块
>>> rd.randint(10,20)        #产生指定范围内随机数
11
>>> rd.seed(10)              #指定随机数种子 10
>>> rd.randint(1,100)        #产生指定范围内随机数
74
>>> rd.randint(1,100)
5
>>> rd.randint(1,100)
55
>>> rd.seed(10)              #再次指定随机数种子 10，用于产生可重复的随机数序列
>>> rd.randint(1,100)
74
>>> rd.randint(1,100)
5
>>> rd.randint(1,100)
55
```

2. 使用 from…import…导入模块

格式：from 模块名 import 函数

说明：使用 from…import…方式导入模块之后，无需添加前缀，即可像使用当前程序中的函数一样使用模块中的内容。from…import…也支持一次导入多个函数、类、变量等，函数与函数之间使用逗号隔开。

例如，导入 random 模块中的 randint 函数和 uniform 函数后便可直接使用。

```
>>> from random import randint,uniform
>>> uniform(10,20)
13.152756581569385
```

利用通配符*可使用 from…import…导入模块中的全部函数。例如，导入 random 模块中的全部函数，并直接使用 randint 函数。

```
>>> from random import *
>>> randint(10,20)
17
```

1.4.2　标准库中的 turtle 模块

turtle 是 Python 标准库中一个很流行的绘图模块，使用中会有一支画笔从一个横轴为x、纵轴为 y 的坐标系原点(0,0)位置出发，根据一组功能指令的控制，在这个平面坐标系中移动，从而绘制图形。在使用 turtle 模块前，先查阅资料了解相应的函数功能及使用规则。如表 1-3 所示就是通过搜索引擎和 Python 官方网站查询到的 turtle 模块的主要函数及使用说明。

表 1-3　turtle 模块的主要函数及使用说明

函数	说明
pensize()	设置画笔的宽度
pencolor()	没有参数传入，返回当前画笔颜色；传入参数设置画笔颜色；可以是字符串如"green""red"，也可以是 RGB 格式颜色
speed(speed)	设置画笔移动的速度，画笔绘制的速度范围为 0~10 的整数，数字越大速度越快
forward(distance)	向当前画笔方向移动 distance 像素长度
backward(distance)	向当前画笔相反方向移动 distance 像素长度
right(degree)	顺时针移动 degree 度
left(degree)	逆时针移动 degree 度
pendown()	放下画笔，配合移动时绘制图形
goto(x,y)	将画笔移动到坐标为(x,y)的位置
penup()	提起笔移动，配合移动时不绘制图形
circle(radius,extent=None,steps=None)	radius(半径)：半径为正(负)，表示圆心在画笔的左边(右边)画圆；extent(弧度)：可选项；steps(边数)：做半径为 radius 的圆的内切正多边形，多边形边数为 steps，可选项
fillcolor(colorstring)	绘制图形的填充颜色
filling()	返回当前是否在填充状态
begin_fill()	准备开始填充图形
end_fill()	填充完成
hideturtle()	隐藏画笔形状
showturtle()	显示画笔形状
clear()	清空 turtle 窗口，但是 turtle 的位置和状态不会改变
reset()	清空窗口，重置 turtle 状态为起始状态
done()	启动事件循环，让 turtle 绘图完成后不关闭绘图窗口，放在绘图程序最后一行

通过表 1-3 提供的信息，我们可以了解到如何使用 turtle 相应的函数。

【例 1-2】　使用 turtle 模块绘制一个正方形。

问题分析：本例会用到 turtle 模块中 forward() 和 right() 函数，其中 forward 中的参数是画笔前进的距离，right 中的参数是画笔顺时针旋转的角度。要实现正方形图案的绘制（输出），需指定画笔前进距离（对应正方形边长）和改变绘图画笔的方向（画笔旋转角度），实现正方形 4 条边的绘制。

参考代码：

```
1.  import turtle
2.  turtle.forward(100)        #画笔向右前进 100
3.  turtle.right(90)           #画笔顺时针旋转 90 度
4.  turtle.forward(100)        #画笔向下前进 100
5.  turtle.right(90)           #画笔顺时针旋转 90 度
6.  turtle.forward(100)        #画笔向左前进 100
7.  turtle.right(90)           #画笔顺时针旋转 90 度
8.  turtle.forward(100)        #画笔向上前进 100
9.  turtle.right(90)           #画笔顺时针旋转 90 度，画笔方向回到程序运行前的初始方向
10. turtle.done()             #暂停程序，绘图窗口不关闭
```

运行结果如图 1-31 所示。

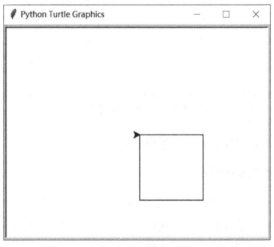

图 1-31　绘制正方形

问题拓展：按照本例方法用 Python 绘制一个等边三角形。

【例 1-3】　使用 turtle 模块绘制太阳花图案。

问题分析：本例将用到 turtle 模块中 forward()、left() 函数，其中 forward 中的参数是画笔移动的距离，left 中的参数是画笔逆时针旋转的角度。要实现太阳花图案的绘制（输出），首先让画笔前进固定距离，然后每绘制一条直线后改变画笔的方向（画笔旋转角度），并结合 3.4 节介绍的循环结构完成绘制。

参考代码：

```
1. import turtle
2. for i in range(36):          #控制第 3、4 行代码重复执行
3.      turtle.forward(200)      #画笔前进 200
4.      turtle.left(170)         #画笔逆时针旋转 170 度
5. turtle.done()                 #暂停程序，绘图窗口不关闭
```

运行结果如图 1-32 所示。

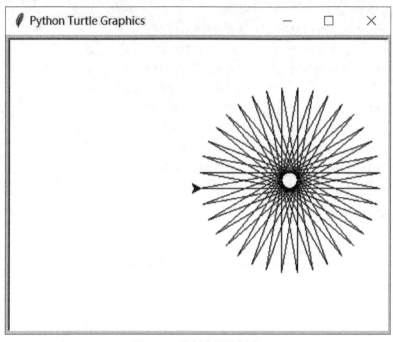

图 1-32　绘制太阳花图案

问题拓展： 在本例的基础上绘制红色线条的太阳花图案。

1.4.3　第三方库中模块的使用

进行 Python 程序开发时，除了使用 Python 标准库中的模块外，还可以使用第三方库中的很多模块（也称为第三方模块）。这些模块可以借助 Python 官方提供的查找页面（https://pypi.org）查询，在使用之前通常需要开发人员自行安装（常用方法是网络安装）。例如，使用命令行方式执行 pip 命令进行安装（如图 1-33 所示，在 cmd 命令窗口中使用 pip install numpy 安装 numpy 模块）。或借助 PyCharm 开发工具，在图形界面下进行可视化安装。例如，打开 PyCharm 后选择 File 菜单下 Settings 命令，在 Settings 对话框中选择 Python Interpreter，即可看到当前项目已经安装好的模块，如图 1-34 所示。单击图 1-34 底部的"+"按钮可以进行模块的安装，如图 1-35 所示。

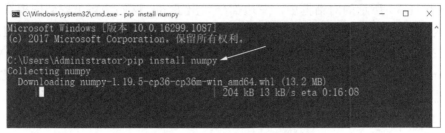

图 1-33　cmd 命令窗口安装模块

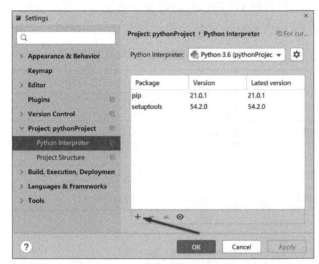

图 1-34　PyCharm 的 Settings 对话框

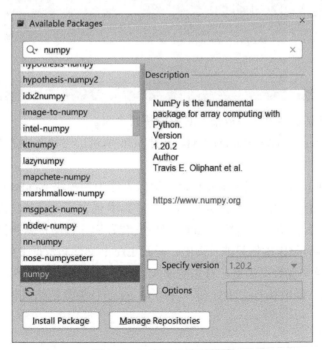

图 1-35　PyCharm 安装模块

在如图 1-35 所示的对话框中，左边部分列出了 pip 网站中可供安装的模块，用户通过搜索的方式可以快速找到自己需要的模块，单击左下方 Install Package 按钮即可进行下载安装。如果速度比较慢（默认会连接国外的服务器下载），还可以单击 Manage Repositories 按钮，配置国内的服务器（如 http://pypi.douban.com/simple）进行下载安装。

通过以上步骤安装好需要的模块后，即可在代码中加载并调用相应的函数。

【例 1-4】 获取汉字"中国北京"对应的拼音及音调。

问题分析：本例会用到第三方库中的模块——xpinyin，在按照前面介绍的步骤将模块安装好后，查阅资料得到如表 1-4 所示的函数及使用说明。直接指定"中国北京"作为输入，借助 xpinyin 模块的 get_pinyin 函数，即可实现对应的拼音、音调输出。

表 1-4　xpinyin 模块常用函数及使用说明

函数	说明
xpinyin.Pinyin()	要获取汉字对应拼音前必须用此功能进行初始化，如 p=xpinyin.Pinyin() 后再调用下面的所有功能
get_pinyin('成都')	获取对应汉字的拼音
get_pinyin('成都', tone_marks='marks')	获取对应汉字的拼音及音调
get_initial('成')	获取一个汉字对应的拼音声母
get_initial('成都')	获取多个汉字对应的拼音声母

参考代码：

```
1. import xpinyin
2. p=xpinyin.Pinyin()                                      #初始化
3. x=p.get_pinyin('中国北京',tone_marks='marks')          #调用功能获取拼音与音调
4. print(x)                                                #输出结果
```

运行结果：

```
zhōng-guó-běi-jīng
```

问题拓展：获取汉字"四川成都"对应的拼音声母。

【例 1-5】 Excel 文件 material1-5.xls 如图 1-36 所示。去掉其中的重复数据，并把结果保存为一个新文件。

问题分析：图 1-36 中有很多重复记录。第三方库中的模块 pandas 提供了满足题目需求的功能。pandas 是一种用于数据分析的工具，其中包含了大量的功能，便于我们快捷处理数据。按照前面介绍的步骤将 pandas 模块安装好后，查阅资料得到本例相关函数使用说明，如表 1-5 所示（因本例只涉及读出、写入 Excel 文件和数据去重功能，故表中仅列出涉及的函数）。要实现数据去重，首先需读入（输入）对应 Excel 文件，调用 pandas 模块的 drop_duplicates() 函数执行去重处理，并用 to_excel() 函数把结果输出到新的 Excel 文件中。

	A	B	C	D	E	F	G
1	学号	姓名	年龄	性别	学院	年级	班
2	2011010111	张三	18	男	计算机	2020	4
3	2011010112	李四	17	男	物理	2020	3
4	2011010113	王五	18	女	化学	2020	1
5	2011010114	赵六	19	男	计算机	2020	4
6	2011010115	宋七	20	女	生物	2020	2
7	2011010116	兰八	21	女	数学	2020	3
8	2011010117	蔡九	17	男	计算机	2020	1
9	2011010118	吴十	19	女	中文	2020	4
10	2011010111	张三	18	男	计算机	2020	4
11	2011010112	李四	17	男	物理	2020	3
12	2011010113	王五	18	女	化学	2020	1
13	2011010114	赵六	19	男	计算机	2020	4
14	2011010115	宋七	20	女	生物	2020	2
15	2011010116	兰八	21	女	数学	2020	3
16	2011010117	蔡九	17	男	计算机	2020	1
17	2011010118	吴十	19	女	中文	2020	4
18	2011010111	张三	18	男	计算机	2020	4
19	2011010112	李四	17	男	物理	2020	3
20	2011010113	王五	18	女	化学	2020	1
21	2011010114	赵六	19	男	计算机	2020	4
22	2011010115	宋七	20	女	生物	2020	2
23	2011010116	兰八	21	女	数学	2020	3
24	2011010117	蔡九	17	男	计算机	2020	1
25	2011010118	吴十	19	女	中文	2020	4
26	2011010135	梁三	17	女	计算机	2020	1

图 1-36　待去重的 material1-5.xls 文件部分内容

表 1-5　pandas 模块部分函数使用说明

函数	说明
read_excel()	传入对应的 Excel 文件名和路径读取内容，若 Excel 文件与 Python 程序在同一目录中，则只需填写文件名。读入的 Excel 文件数据以 pandas 专用格式 DataFrame 存于变量中。特别说明，本功能需要安装 xlrd 模块，以配合读取 xls 格式文件
drop_duplicates()	把对应的 DataFrame 格式数据按行去重(DataFrame 是一种二维表格的数据结构)
to_excel()	把对应的 DataFrame 格式数据写入指定路径的 Excel 文件，若只填写文件名，则写入后的 Excel 文件与 Python 程序在同一目录中。特别说明，本功能需要安装 xlwt 模块，以配合写入 xls 格式文件

参考代码：

```
import pandas
df=pandas.read_excel('material1-5.xls')   #调用 read_excel 功能读入文件
df=df.drop_duplicates()                   #调用 drop_duplicates 功能去重
df.to_excel('end1-5.xls')                 #去重处理后结果写入新的 Excel 文件
```

运行结果：程序运行后生成的 Excel 文件 end1-5.xls 内容如图 1-37 所示。

	A	B	C	D	E	F	G	H
1		学号	姓名	年龄	性别	学院	年级	班
2	0	2011010111	张三	18	男	计算机	2020	4
3	1	2011010112	李四	17	男	物理	2020	3
4	2	2011010113	王五	18	女	化学	2020	1
5	3	2011010114	赵六	19	男	计算机	2020	4
6	4	2011010115	宋七	20	女	生物	2020	2
7	5	2011010116	兰八	21	女	数学	2020	3
8	6	2011010117	蔡九	17	男	计算机	2020	1
9	7	2011010118	吴十	19	女	中文	2020	4
10	24	2011010135	梁三	17	女	计算机	2020	1

图 1-37　去重后的 Excel 文件数据

问题拓展：查阅资料，了解除 pandas 外还有哪些模块可以实现 Excel 文件数据去重。

1.5 生成可执行程序

当编写完 Python 源程序文件后，在第三方库中的模块支持下可以生成 exe 可执行程序直接运行。通过命令行方式执行 pip 命令进行安装，或借助 PyCharm 开发工具搜索并安装 pyinstaller 模块（图 1-38）。安装完成后进入 Python 程序所在的目录，然后运行下面的命令，即可生成可执行程序（exe 文件）。

```
pyinstaller -F python 文件名
```

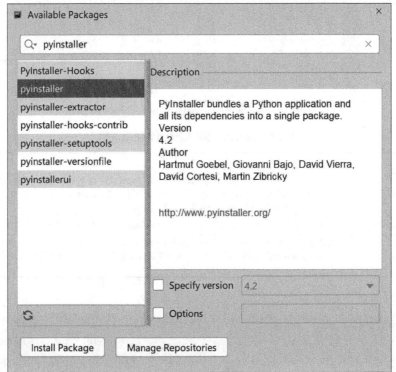

图 1-38　安装 pyinstaller 模块

以本章例 1-3 程序生成的 exe 可执行文件为例，在确认图 1-38 中 pyinstaller 模块安装成功后，在 PyCharm 中打开"例 1-3.py"代码（图 1-39），在底部单击 Terminal 选项，并在窗口中输入以下命令：

```
pyinstaller -F 例 1-3.py
```

按 Enter 键执行，完成后出现如图 1-40 所示的成功提示信息，即表示可执行文件已经生成。

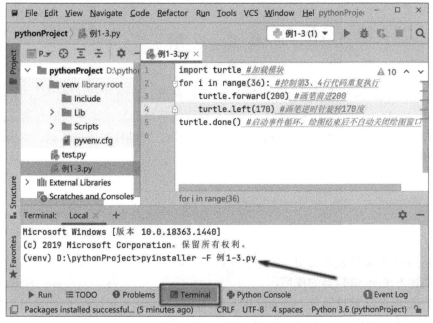

图 1-39　使用 pyinstaller 生成可执行文件

图 1-40　pyinstaller 执行成功提示信息

生成 exe 可执行文件成功后，当前目录下会多出 3 个新的文件夹，分别是＿pycache＿、build 和 dist，我们需要的 exe 文件就在 dist 文件夹下，直接双击便可运行该文件，如图 1-41 所示。

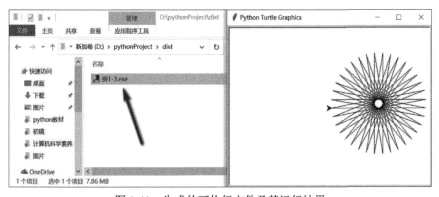

图 1-41　生成的可执行文件及其运行结果

本 章 小 结

　　本章从 Python 的发展历史、特点到 Python 解释器、常用开发环境，从计算机求解问题的过程到 Python 程序的编写、调试，从库与模块的理解到标准库中模块与第三方库中模块的使用，循序渐进地介绍了 Python 编程的入门知识，并结合对库的认识、运用，帮助读者充分理解 Python 计算生态。

习　　题

　　1. 简述 Python 的发展历史与特点。

　　2. 简述 Python 解释器的作用。

　　3. 完成 Python 解释器及 Pycharm 的安装，编写、调试、运行程序（如输出文本"hello word!"），并保存程序。

　　4. 利用标准库中 turtle 模块，实现绘制圆形图案。

　　5. 利用 pyinstaller 模块，把绘制图形图案的程序生成可执行程序。

第2章

Python 语言基础

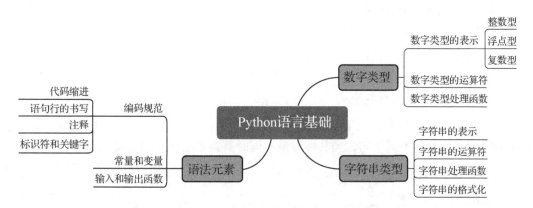

在学习一门非母语的自然语言时，在学习的初期，我们需要掌握基本的字词句，还需要了解构成语句的基本的词类，如名词、动词；句子成分，如主语、谓语、时态、句型结构等语法知识。学习 Python 编程也是一样的，首先应该了解一些基本知识，包括 Python 编码规范、基本数据类型、常量变量的使用、基本运算符、表达式，以及输入/输出方法等。本章将对这些编程的基本知识进行介绍。

2.1　Python 语法元素

2.1.1　编码规范

编码规范是使用 Python 语言编写程序代码时应遵循的一些规则，包括命名规则、代码缩进、语句分隔等。良好的编码规范有助于提高代码的可读性，方便代码的修改和维护。

1. 代码缩进

Python 程序的结构非常清晰，Python 中使用严格的代码缩进来表示代码之间的包含和层次关系。

缩进是指一行代码前的空白区域，可以使用多个空格或 Tab 键(一般使用 4 个空格)实现。在 Python 中，代码缩进一般用在函数定义及一些控制语句中。下面的代码语句中第 3 行和第 5 行分别属于 if 控制语句的语句块，使用了缩进。

```
1. score=eval(input("请输入分数："))
2. if score>=60:
3.     print("合格")
```

```
4. else:
5.     print("不合格")
```

需要注意的是，处于同一级的代码在缩进时，其缩进量要一致。在以下代码中，第 2 行和第 7 行是同一个 if 语句的两个子句，缩进量一致；第 3 行和第 5 行是同一个 if 语句的两个子句，其缩进量也要一致。

```
1. score=eval(input("请输入分数："))
2. if score>=60:
3.     if score>=80:
4.         print("优秀")
5.     else:
6.         print("合格")
7. else:
8.     print("不合格")
```

处于同一级别的代码，如果缩进量不一致，将会导致错误。下面程序段中第 3 句与第 5 句为同一 if 语句的不同子句，当其缩进量不同时解释器会给出错误提示。

```
1. score=eval(input("请输入分数："))
2. if score>=60:
3.     if score>=80:
4.         print("优秀")
5.         else:
6.         print("合格")
7. else:
8.     print("不合格")
```

2. 语句行的书写

在 Python 中，一般来说一条语句占用一行，也可以将两条或多条语句写在同一行，此时需要在语句之间使用英文标点分号 ";" 分隔。如果缩进的语句块中语句较少，还可以直接将这些语句写在冒号 ":" 之后，用英文标点分号 ";" 分隔。

需要说明的是，在 Python 中，所有语句里的标点符号都是英文标点符号。在编写 Python 脚本时，最好将输入法切换到英文，以免输入中文标点符号导致脚本运行错误。

```
1. n1=eval(input("请输入第一个数："))
2. n2=eval(input("请输入第二个数："))
3. print(n1);print(n2)                    #使用";"分隔，将两条语句写在同一行
4. if n1>n2:print(n1);n1,n2=n2,n1          #缩进后的语句块写在":"之后
5. else:print(n2)
```

在 Python 中，如果语句较长，可将一条语句分成几行书写，此时要在一行的末尾使用 "\" 来进行续行。注意，"\" 之后不能有任何字符。

```
>>> st="你好\
欢迎进入 Python 的奇妙世界\
让我们一起探索吧"
```

```
>>> print(st)
你好欢迎进入 Python 的奇妙世界让我们一起探索吧
```

此外还有一种续行的情况无需添加续行符 "\"。在一条语句中，如果函数有多个参数，参数间需用逗号分隔，逗号之后的参数可以直接换行进行书写，如：

```
>>> print("x=",3,"y=",4,
          "z=",5)
 x=3  y=4  z=5
```

3. 注释

注释是一些描述性文字，一般用于对程序、语句等进行解释说明。程序运行时，注释不会被执行，其作用是增加程序的可读性，方便程序员查阅。

在 Python 中，单行注释使用 "#" 开头，用在一行的开头或语句的后面；多行注释则使用 3 个单引号 "'''"（也可使用 3 个双引号 '"""'）开头和结尾。

```
1.    '''
2.    从键盘输入一个分数 score，根据分数段的范围，输出相应等级：
3.    score<60   不合格
4.    60<=score<80   合格
5.    score>=80   优秀
6.    '''
7.    #输入一个分数并赋值给变量 score
8.    score=eval(input("请输入分数："))
9.    if score>=60:            #判断 score 是否大于等于 60
10.       if score>=80:        #判断 score 是否大于等于 80
11.           print("优秀")     #输出 "优秀"
12.       else:
13.           print("合格")     #输出 "合格"
14. else:
15.       print("不合格")       #输出 "不合格"
```

4. 标识符和关键字

1）标识符

标识符用于表示变量、自定义函数等程序要素的名称，方便程序的使用。Python 的标识符命名规则如下：

(1) 可以由字母、数字和下划线 "_" 组成，但不能以数字开头。

(2) 标识符区分大小写，但不限制长度。

(3) 标识符不能使用 Python 的关键字。

(4) 标识符的命名尽量符合见名知义的原则。

例如，_score、Number、name 都是有效的变量名，而 123number（以数字开头）、stu number（变量名包含空格）和 stu-number（变量名包含减号(-)）等都是无效的变量名。

2）关键字

Python 系统中自带的、具备特定含义的标识符称为关键字，也叫保留字。用户定义的标识符(如变量名、自定义函数名等)不能与关键字相同。Python 常用的关键字如表 2-1 所示。

表 2-1　Python 常用的关键字

False	class	from	or
None	continue	global	pass
True	def	if	raise
and	del	import	return
as	elif	in	try
assert	else	is	while
async	except	lambda	with
await	finally	nonlocal	yield
break	for	not	

在 Python 中,标识符区分大小写,需要注意 True、False、None 三个关键字的首字母是大写的。用户可以使用 help()命令进入帮助系统查看关键字的相关说明。

```
>>> help()          #进入 Python 的帮助系统
help>keywords       #查看关键字列表
help>break          #查看"break"关键字说明
help>quit           #退出帮助系统
```

2.1.2　常量和变量

常量:在程序执行过程中,其值固定不变的量。例如,123、-15.5、"北京"等。

变量:变量用于存储程序中使用的数据,对应于计算机内存中的一块区域。变量通过唯一的标识符(变量名)来表示,与常量不同的是变量的值可以发生变化。

在 Python 中用户无需事先声明变量,变量的数据类型和值在赋值时被确定,在以后被重新赋值时有可能发生变化。通过赋值可将数据传送到变量所对应的内存单元中。变量的命名遵循 Python 标识符的命名规则。

1. 给单个变量赋值

1)简单赋值

格式:变量名=表达式

说明:将赋值号(=)右边表达式的值赋值给左边的变量。

```
>>> x=123
>>> x="Hello"
```

2)复合赋值

格式:变量 op=表达式

说明:等同于变量=变量 op(表达式),其中 op 可以是一个算术运算符或位运算符,它与赋值运算符(=)一起构成复合赋值运算符。算术运算符和位运算符会在后面的章节中逐一介绍。常见的复合赋值运算符如表 2-2 所示。

表 2-2 常见的复合赋值运算符

运算符	用法	功能描述
=	x=y	直接将 y 的值赋值给 x
+=	x+=y	x=x+y，将 x+y 的结果赋值给 x
-=	x-=y	x=x-y，将 x-y 的结果赋值给 x
*=	x*=y	x=x*y，将 x*y 的结果赋值给 x
/=	x/=y	x=x/y，将 x/y 的结果赋值给 x
**=	x**=y	x=x**y，将 x^y 的结果赋值给 x
//=	x//=y	x=x//y，将 x//y 的结果赋值给 x
%=	x%=y	x=x%y，将 x%y 的结果赋值给 x

```
>>> num=5
>>> num+=5        #等同于 num=num+5
>>> print(num)
10
>>> num*=2+3      #等同于 num=num*(2+3)
>>> print(num)
50
```

2. 给多个变量赋值

1)链式赋值

格式：变量 1=变量 2=…=变量 n=表达式

说明：将表达式的值分别赋值给变量 1 到变量 n。

```
>>> x=y=z=50
>>> print(x,y,z)
50 50 50
```

2)同步赋值

格式：变量 1,变量 2,…,变量 n=表达式 1,表达式 2,…,表达式 n

说明：按顺序依次将表达式 1 的值赋值给变量 1，将表达式 2 的值赋值给变量 2,…,将表达式 n 的值赋值给变量 n。赋值运算符左侧变量的数目与右侧表达式的数目必须相同。

```
>>> x,y,z=100,"张瑞",-25.5
>>> print(x,y,z)
100 张瑞 -25.5
>>> x=50
>>> y=60
>>> x,y=y,x        #该语句将变量 x 和变量 y 的值交换
>>>print(x,y)
60 50
```

2.1.3 输入和输出函数

计算机程序都有一般的数据处理流程：输入数据、处理数据和输出数据。输入是一个

程序的开始。程序要处理的数据有多种来源。例如，从控制台交互式输入的数据；使用图形用户界面输入的数据；从文件或网络读取的输入数据，或者由其他程序的运行结果中得到的数据等。输出是程序展示运算结果的方式。程序的输出方式包括控制台输出、图形输出或文件输出等。下面主要介绍使用控制台的输入/输出，其他的输入/输出方式会在相关章节中介绍。

1. input 函数

格式：input([promptMessage])

说明：input 函数将用户输入的内容作为字符串形式返回。其中 promptMessage 是提示信息，可以省略。

注意，本书的语法格式描述中的<>表示必选项，是语句中必不可少的部分；[]表示可选项，根据情况，这部分可以选择或省略。而在书写代码语句时，<>和[]都不能写出来。

需要区分的是，当参数是列表类型时，[]是列表类型标识符，不代表可选项，此时的[]不能省略，如 math.fsum([x,y,…])这里的[]是列表类型标识符，不能省略。

```
>>> name=input("请输入姓名：")
请输入姓名：Rose        #将字符串'Rose'赋值给变量 name
>>> num1=input("请输入第一个分数：")
请输入第一个分数：75  #将字符串'75'赋值给变量 num1
>>> num2=input("请输入第二个分数：")
请输入第二个分数：86  #将字符串'86'赋值给变量 num2
>>> print("总分是：",num1+num2)
总分是：7586          #两个字符串的+运算是将两个字符串作连接运算而不是算术的加法运算
```

2. eval 函数

格式：eval(<字符串表达式>)

说明：将参数中的字符串去掉左右两端的定界符，将其转换成一个有效的表达式并执行它，返回这个表达式的值。

eval 函数在 Python 中是一个十分重要的函数，使用非常灵活，但要注意合理使用，避免错误。eval 函数的用法非常多，请读者们在实践中逐步挖掘。

对比上面的例子，做如下修改：

```
>>> print("总分是：",num1+num2)
总分是：7586                              #'75'+'86'两个字符串连接
>>> print("总分是：",eval(num1)+eval(num2))  #75+86 两个数字相加
总分是：161
```

也可以在接收 input()输入、给变量赋值的时候就用 eval()先去掉定界符，将其转换成需要的形式，如：

```
>>> num1=eval(input("请输入第一个分数："))
请输入第一个分数：75                         #赋值给 num1 的值为数字 75
>>> eval('print("Hello World!")')            #执行 print("Hello World!")
Hello World!
>>> x=15
```

```
>>> eval("x+5")                    #执行 x+5
20
>>> y="1+2"
>>> y*9                            #将字符串"1+2"重复 9 次
'1+21+21+21+21+21+21+21+2'
>>> eval(y)*9                      #执行(1+2)*9
27
>>> eval("abc")                    #abc 未定义
Traceback (most recent call last):
    File "<pyshell#9>",line 1,in <module>
        eval("abc")
    File "<string>",line 1,in <module>
NameError: name 'abc' is not defined
```

eval 函数去掉参数的定界符后得到的 abc 会被解释为一个变量，而之前并没有定义该变量，此时解释器会报错。

3. print 函数

格式：print([输出项 1],[输出项 2,…,输出项 n] [,sep=分隔符] [,end=结束符])

说明：print 函数按顺序计算各个输出项的值，并将计算结果输出。

(1) 当有多个输出项时，各输出项之间用逗号分隔。

(2) sep 参数用于指定各输出项之间的分隔符，默认值为空格。

(3) end 参数用于指定结束符，默认值为换行符。

```
>>> x,y,z="李力","成都",580
>>> print(x,y,z)                   #print 函数中的多个参数用逗号分隔
李力 成都 580
>>> print(x,y,z,sep="***")         #设置 print 函数的输出分隔符为***
李力***成都***580
>>> print(x);print(y);print(z)     #3 个 print，默认结束符为换行符
李力
成都
580
#print()设置 end 参数，用空格分隔，不换行
>>> print(x,end=" ");print(y,end=" ");print(z)
李力 成都 580
>>> print("姓名:",a,"; 籍贯:",b,"; 分数:",c)
姓名: 李力; 籍贯: 成都; 分数: 580
```

2.2　数　字　类　型

Python 的数据类型包括数字类型、字符串类型、列表类型、元组类型、集合类型和字典类型等。数字类型是 Python 的基本数据类型，包含整数类型、浮点数类型、复数类型 3 种。

2.2.1 数字类型的表示

1. 整数类型(int)

整数类型简称整型，用于表示整数。Python 中整型数据的表示方式有 4 种，分别是十进制(默认)、二进制(以"0B"或"0b"开头)、八进制(以数字"0o"或"0O"开头)和十六进制(以"0x"或"0X"开头)。

Python 的整型数据理论上的取值范围是(-∞,∞)，实际的取值范围受限于运行 Python 程序的计算机内存大小。下面是一些整数类型的数据：

200,0O123,0o45,0B1001,0b1111,0x2EF,0XAD5

Python 有多种数据类型，内置函数 type 可以用来查询对象的数据类型。

```
>>> x=0O45            #将八进制数 45 赋值给 x
>>> y=0B1001          #将二进制数 1001 赋值给 y
>>> print(x,y)
37 9                  #默认为十进制数
>>> type(x),type(y)
(<class 'int'>,<class 'int'>)
```

2. 浮点数类型(float)

浮点型用于表示数学中的实数，是带有小数的数据类型。例如，5.25，-10.6。浮点型也可以用科学计数法表示。例如，2.15e3,3.65E-2。E 或 e 表示基数是 10，后面的整数表示指数，指数的正负使用+号或者-号表示，其中，+可以省略。

```
>>> print(2.15e3)
2150.0
>>> print(3.65E-2)
0.0365
```

3. 复数类型(complex)

复数类型用于表示数学中的复数。复数由实数部分和虚数部分构成，若 a 表示实数部分，b 表示虚数部分，在 Python 中复数表示为 a+bj 或 a+bJ。实数部分 a 和虚数部分 b 都是浮点型，例如，12.8+5j,-6.3-2.5j。需要说明的是，一个复数必须有虚数部分和 j(或 J)，如 1j,-1j 都是复数，而 0.0 不是复数。可以使用 x.real 和 x.imag 分别返回复数 x 的实数部分和虚数部分。

```
>>> x=12.8+5j
>>> print(x)
(12.8+5j)
>>> type(x)
<class 'complex'>
>>> x.real
12.8
>>> x.imag
5.0
```

2.2.2　数字类型的运算符

Python 中有丰富的数字类型运算符，包括算术运算符、位运算符、关系运算符、字符串运算符、逻辑运算符、成员运算符等。下面主要介绍算术运算符。

算术运算符包括加、减、乘、除、模运算、整除运算、幂运算。Python 常用的算术运算符如表 2-3 所示。

表 2-3　Python 常用的算术运算符

运算符	用法	功能描述
+	x+y	加，得到 x 和 y 相加的结果
−	x−y	减，得到 x 和 y 相减的结果
*	x*y	乘，得到 x 和 y 相乘的结果
/	x/y	除，得到 x 和 y 相除的结果
%	x%y	模运算，得到 x 和 y 相除的余数
//	x//y	整除运算，得到不大于 x/y 商的最大整数
**	x**y	幂运算，得到 x^y 的结果

```
>>> print(10/2)
5.0                     #除 "/" 的结果为浮点型
>>> print(10*2)
20
>>> print(10**2)        #计算 $10^2$
100
```

Python 中的整除运算是将除法的结果向下取整，即得到不大于其商的最大整数。

```
>>> print(10//3)
3                       #10/3 商为 3.3333333333333335，向下取整为 3
>>> print(-10//-3)
3                       #-10/-3 商为 3.3333333333333335，向下取整为 3
>>> print(10//-3)
-4                      #10/-3 商为-3.3333333333333335，向下取整为-4
>>> print(-10//-3)
3                       #-10/-3 商为 3.3333333333333335，向下取整为 3
```

Python 的%运算中，模运算的结果 r 的计算规则为 r = x%y = x−(x//y)*y。

```
>>> print(10%3)
1                       #10/3=3    r=10-3*3=1
>>> print(-10%-3)
-1                      #-10/-3=3  r=-10-3*(-3)=-1
>>> print(10%-3)
-2                      #10/-3=-4  r=10-(-4)*(-3)=-2
>>> print(-10%3)
2                       #-10/3=-4  r=-10-(-4)*3=2
```

在一个表达式中出现多个运算符的时候，要注意运算符的优先级顺序。算术运算符中优先级最高的是**，其次是正(+)、负(-)号，再次是*、/、%、//，优先级最低的是加+、减-。

```
>>> print(25+3**2-7//2**2*6)    #相当于 print(25+(3**2)-((7//(2**2))*6))
28
>>> print(4*5**2//3%4)          #相当于 print(((4*(5**2))//3)%4)
1
```

括号()的优先级高于其他所有运算符，在复杂的表达式中，正确使用括号()能够让表达式的可读性更强。

```
>>> print(-2**4)                #计算并输出-2⁴
-16
>>> print((-2)**4)              #计算并输出(-2)⁴
16
```

2.2.3　数字类型处理函数

1. 内置数字类型函数和类型转换函数

Python 中常用的内置数字类型运算函数和类型转换函数如表 2-4 所示。

表 2-4　Python 常用的内置数字类型函数

函数		功能描述
数字类型运算函数	abs(x)	x 的绝对值
	divmod(x,y)	(x//y,x%y)，输出为元组类型
	pow(x,y[,z])	(x**y)%z，省略参数 z 时，则计算 x**y
	round(x[,ndigits])	对 x 四舍五入，保留 ndigits 位小数。省略 ndigits 时，四舍五入只保留整数
	max(x₁,x₂,…,xₙ)	返回 x₁,x₂,…,xₙ 中的最大值
	min(x₁,x₂,…,xₙ)	返回 x₁,x₂,…,xₙ 中的最小值
数字类型转换函数	int(x)	将 x 转换为整数
	float(x)	返回 x 对应的浮点数
	complex(re[,im])	生成实部为 re，虚部为 im 的复数。im 不能是字符串

内置数字运算函数。

```
>>> print(abs(-12.5))           #输出-12.5 的绝对值
12.5
>>> print(pow(10,3))            #输出 10³ 的值
1000
>>> print(round(123.456,2))     #123.456 四舍五入保留 2 位小数
123.46
>>> print(int(54.6))            #输出 54.6 的整数部分
54
```

内置数字转换函数将数字转换成需要的形式。

```
>>> x="20";y="30"
>>> print(int(x)+int(y))          #输出两个整数的和
50
>>> print(float(x)+float(y))    #输出两个浮点数的和
50.0
>>> z=int(input("请输入一个数："))
请输入一个数：10              #将 input()返回的字符串"10"转换成整数 10 并赋值给变量 z
>>> print(pow(z,3))        #计算并输出 z³
1000
```

【例 2-1】　鸡兔同笼。从键盘输入头的总个数和脚的总只数，计算并输出鸡、兔各有几只。

问题分析：输入头的总个数 head，脚的总只数 feet。根据生活常识，每只鸡 chicken 有 2 只脚，每个兔子 rabbit 有 4 只脚，分析列式如下：

$$rabbit = \frac{feet - 2 \times head}{2} \tag{2-1}$$

$$chicken = head - rabbit \tag{2-2}$$

参考代码：

```
1. head=eval(input("请输入头的总数："))
2. feet=eval(input("请输入脚的总数："))
3. rabbit=int((feet-2*head)/2)
4. chicken=head-rabbit
5. print("兔子有:",rabbit)
6. print("鸡有:",chicken)
```

运行结果：

```
请输入头的总数：35
请输入脚的总数：94
兔子有：12
鸡有：23
```

问题拓展：编程实现以下功能。已知游乐场的门票是 65 元/人，团体票买 5 赠 1。输入人数，计算并输出购买门票需要多少钱。

2. math 模块

在数值运算中，除了前面的简单运算，还有如对数、正弦、余弦等初等函数的各种运算。但是在 Python 的内置函数中没有这些函数，Python 提供了 math 模块来满足需要。

Python 标准库是随 Python 附带安装的，包含很多常用的模块，此处使用的 math 就是标准库中的一个模块。Python 中的 math 模块提供了基本数学函数。与第 1 章介绍的 turtle 模块相同，使用时首先需用 import 语句导入 math 模块。math 不支持复数类型，仅支持整数和浮点数运算。math 提供了 4 个数字常量和 44 个函数。44 个函数共分为 4 类，包括 16 个数值表示函数，8 个幂对数函数，16 个三角运算函数和 4 个高等特殊函数。

（1）math 模块的数字常量。

math 模块的 4 个数字常量如表 2-5 所示。

表 2-5　math 模块的数字常量

常量	数学表示	功能描述
math.pi	π	圆周率，值为 3.141592653589793
math.e	e	自然对数，值为 2.718281828459045
math.inf	∞	正无穷大，负无穷大为-math.inf
math.nan		非浮点数标记，NAN（Not a Number）

（2）math 模块的数值表示函数。

math 模块的数值表示函数如表 2-6 所示。

表 2-6　math 模块的数值表示函数

函数	数学表示	功能描述
math.fabs(x)	$|x|$	返回 x 的绝对值
math.fmod(x,y)	x%y	返回 x 与 y 的模
math.fsum([x, y, ...])	x+y+⋯	返回无损精度的和
math.ceil(x)	$\lceil x \rceil$	返回不小于 x 的整数
math.floor(x)	$\lfloor x \rfloor$	返回不大于 x 的整数
math.factorial(x)	x!	返回 x 的阶乘
math.gcd(a,b)		返回 a 与 b 的最大公约数
math.frexp(x)	$x=m\times2^e$	返回 (m, e)，当 x=0，返回 (0.0, 0)
math.ldexp(x, i)	$x\times2^i$	返回 $x\times2^i$ 的值
math.modf(x)		返回 x 的小数和整数
math.trunc(x)		返回 x 的整数部分
math.copysign(x, y)	$|x|\times|y|/y$	用数值 y 的正负号替换数值 x 的正负号
math.isclose(a,b)		比较 a 和 b 的相似性，返回 True 或 False
math.isfinite(x)		若 x 为无穷大，返回 True；否则，返回 False
math.isinf(x)		若 x 为正数或负数无穷大，返回 True；否则，返回 False
math.isnan(x)		若 x 不是数字，返回 True；否则，返回 False

```
>>> math.fabs(-5)
5.0
>>> 0.1+0.2+0.3
0.6000000000000001
>>> math.fsum([0.1,0.2,0.3])
0.6
>>> math.ceil(5.2)
6
>>> math.floor(5.8)
5
>>> math.factorial(5)
120
```

(3) math 模块的幂对数函数。math 模块的幂对数函数如表 2-7 所示。

表 2-7　math 模块的幂对数函数

函数	数学表示	功能描述
math.pow(x, y)	x^y	返回 x 的 y 次方
math.exp(x)	e^x	返回 e 的 x 次方
math.expm1(x)	e^x-1	返回 e 的 x 次方减 1
math.sqrt(x)	$\sqrt{x}$	返回 x 的平方根
math.log(x[,base])	$\log_{base} x$	返回 x 的以 base 为底的对数，base 默认为 e
math.log1p(x)	$\ln x$	返回 1+x 的自然对数(以 e 为底)
math.log2(x)	$\log x$	返回 x 的以 2 为底的对数
math.log10(x)	$\log_{10} x$	返回 x 的以 10 为底的对数

```
>>> math.pow(5,3)
125.0
>>> math.exp(2)
7.38905609893065
>>> math.sqrt(4)
2.0
>>> math.log(math.e)
1.0
```

(4) math 模块的三角运算函数。math 模块的三角运算函数如表 2-8 所示。

表 2-8　math 模块的三角运算函数

函数	数学表示	功能描述
math.degrees(x)		将弧度 x 转换成角度
math.radians(x)		将角度 x 转换成弧度
math.hypot(x, y)	$\sqrt{x^2+y^2}$	返回以 x 和 y 为直角边的三角形斜边长
math.sin(x)	sin x	返回 x(弧度)的三角正弦值
math.cos(x)	cos x	返回 x(弧度)的三角余弦值
math.tan(x)	tan x	返回 x(弧度)的三角正切值
math.asin(x)	arcsin x	返回 x 的反三角正弦值
math.acos(x)	arccos x	返回 x 的反三角余弦值
math.atan(x)	arctan x	返回 x 的反三角正切值
math.atan2(x, y)	arctan y/x	返回 x/y 的反三角正切值
math.sinh(x)	sinh x	返回 x 的双曲正弦值
math.cosh(x)	cosh x	返回 x 的双曲余弦值
math.tanh(x)	tanh x	返回 x 的双曲正切值
math.asinh(x)	asinh x	返回 x 的反双曲正弦值
math.acosh(x)	acosh x	返回 x 的反双曲余弦值
math.atanh(x)	arctanh x	返回 x 的反双曲正切值

(5) math 模块的高等特殊函数。math 模块的高等特殊函数如表 2-9 所示。

表 2-9　math 模块的高等特殊函数

函数	数学表示	功能描述
math.erf(x)	$\dfrac{2}{\sqrt{\pi}}\displaystyle\int_0^x e^{-t^2}dt$	返回 x 的高斯误差函数
math.erfc(x)	$\dfrac{2}{\sqrt{\pi}}\displaystyle\int_x^\infty e^{-t^2}dt$	返回 x 的余补高斯误差函数
math.gamma(x)	$\displaystyle\int_0^\infty x^{t-1}e^{-x}dt$	返回 x 的伽玛函数
math.lgamma(x)	$\ln(gamma(x))$	返回 x 的伽玛函数的自然对数

【例 2-2】　已知两个力，F1=20N，F2=10N，这两个力的夹角是 60°。计算两个力的合力大小。

问题分析：利用物理知识，将两个力放到一个直角坐标系中，利用正交分解法进行计算。

参考代码：

```
1. import math
2. f1=20
3. f2=10
4. radian=math.pi/3
5. fx=f1+f2*math.cos(radian)
6. fy=f2*math.sin(radian)
7. f=math.sqrt(fx**2+fy**2)
8. print("合力为: ",round(f,2),"N")
```

运行结果：

```
合力为: 26.46 N
```

问题拓展：编程实现，输入扇形的半径和圆心角（角度），计算该扇形的面积如下：

$$s=\frac{1}{2}l\times r \tag{2-3}$$

$$l=r\times\theta \tag{2-4}$$

其中，s 为面积，l 为扇形的弧长度，r 为半径，θ 为圆心角的弧度。

2.3　字符串类型

字符串是一种表示文本的数据类型。字符串的表示和处理是 Python 的重要内容。本节将介绍如何使用索引和切片来访问字符串中的字符，如何设置字符串的显示格式，以及字符串的操作方法等。

2.3.1　字符串的表示

1. 字符串的定义

Python 中的字符串被定义为一个字符集合，使用一对引号作为其定界符，引号可以是单引号(')、双引号(")或者三引号(''')。单引号和双引号包围的是单行字符串，二者的作用相同，如'Chengdu'、'123"py"th"on'、"no100"、"10001"、"can't"。三引号可以包围多行字符串，如：

```
'''
Hello world
"Hi! "
'Python'
'''
```

注意，引号内的字符是区分大小写的，"ABC"和"abc"是不同的字符串。不包含任何字符的字符串叫空字符串，如""，空格也是一个字符。三引号能包围多行字符串，这种字符串也常用来作为注释。

2. 转义字符

转义字符用于表示一些在某些场合不能直接输入的特殊字符。例如，在由双引号包围的字符串中再次使用了双引号，运行时将会报错，这就需要使用转义字符。转义字符由反斜杠(\)引导，与后面相邻的字符组成了新的含义。常用的转义字符如表 2-10 所示。

表 2-10　常用的转义字符

转义字符	功能描述
\'	单引号
\"	双引号
\\	反斜杠
\n	换行

```
>>>print('Welcome to\nPython\'s world.')
Welcome to
Python's world.
```

2.3.2　字符串的运算符

1. 字符串的索引和切片

字符串中的每个字符都是按照特定顺序排列的，Python 中按位置给每个字符进行编号。Python 中的编号有两种：一种是从左向右升序编号（正向递增），依次为 0, 1, 2, …，直到最右边的字符结束；另一种是从右向左降序编号（反向递减），依次是-1, -2, -3, …，直到最左边的字符结束。

从左向右编号	0	1	2	3	4	5	6	7	8	9	10
字符串	H	e	l	l	o		W	o	r	l	d
从右向左编号	-11	-10	-9	-8	-7	-6	-5	-4	-3	-2	-1

注意，空格也占了一个位置，空格也是一个字符。

因为可以从两个方向开始编号，所以每个字符可以有两个序号。字符的序号建立好了，就可以通过序号找到每个字符。我们在 Python 中通过索引和切片操作可以取得字符串中的部分内容，其相应作用如表 2-11 所示。

表 2-11　字符串的索引和切片

运算符	用法	功能描述
[]	str[i]	索引，获取字符串 str 中序号为 i 的字符
[:]	str[start:end:step]	切片，获取字符串 str 中序号为 start 到 end（不包含 end）的子串

1）字符串索引

格式：<字符串变量名或字符串常量>[i]

说明：获取字符串中序号为 i 的字符。i 为字符序号，可以是正向序号也可以是反向序号。

```
>>> str1="Hello World"
>>> print(str1[0])
H
>>> print(str1[6])
W
>>> print(str1[-5])
W
```

2）字符串切片

格式：<字符串变量名或字符串常量>[start : end : step]

说明：获取字符串中序号为 start 到 end（不包含 end）的子串。

（1）字符串有正向递增序号和反向递减序号。当 step 为正数时，字符串从左向右截取；当 step 为负数时，字符串从右向左依次截取。

（2）start：表示要截取的第 1 个字符所在的序号（截取时包含该字符）。如果不指定，默认的起始位置与 step 有关，当 step 为正时，默认从序号 0 开始取；当 step 为负时，默认从序号-1 开始取。

（3）end：表示要截取的最后一个字符所在的序号（截取时不包含该字符）。如果不指定，默认的结束位置也与 step 有关，当 step 为正时，默认取到最右边串尾结束；当 step 为负时，默认取到最左边串头结束。

（4）step：指的是从 start 序号处的字符开始，每 step 个距离获取一个字符，直至 end 对应的字符为止。step 默认值为 1，当省略该值时，最后一个冒号也可以省略。

```
>>> s1="Hello world"
>>> print(s1[0:5])
Hello
>>> print(s1[6:])
world
>>> print(s1[0:-6])
Hello
>>> print(s1[-1:-6:-1])
dlrow
>>> print(s1[0:11:2])
Hlowrd
```

2. 字符串运算符

字符串由若干字符组成，除了字符串的索引和切片外，Python 还提供了其他运算符来完成字符串的连接、重复等操作。Python 常用的字符串运算符如表 2-12 所示。

表 2-12　Python 常用的字符串运算符

运算符	用法	功能描述
+	x+y	字符串 x 与字符串 y 相连接
*	x*n	重复 x 字符串 n 次
in	x in y	如果字符串 y 中包含字符串 x，则返回 True，否则返回 False

```
>>> x="Hello "
>>> y="World!"
>>> print(x+y)              #将字符串 x 和 y 连接后输出
Hello World!
>>> print(x*3)             #将字符串 x 重复 3 次输出
Hello Hello Hello
>>> print("hello" in x)    #判断"hello"是否包含在 x 中
False
```

2.3.3　字符串处理函数

Python 提供了很多用于处理字符串的内置函数，部分函数如表 2-13 所示。

表 2-13 处理字符串的内置函数

函数	功能描述
len(x)	返回字符串 x 的长度或其他组合数据类型元素个数
str(x)	返回 x 对应的字符串形式
chr(x)	返回 Unicode 编码对应的单个字符
ord(x)	返回单个字符表示的 Unicode 编码
hex(x)	返回整数 x 对应十六进制数的小写形式字符串
oct(x)	返回整数 x 对应八进制数的小写形式字符串

Unicode 是一个编码方案，它是为了解决传统字符编码方案的局限而产生的，它为每种语言中的每个字符设定了统一并且唯一的二进制编码，以满足跨语言、跨平台进行文本转换、处理的要求。UTF-8 是使用最广泛的一种 Unicode 的实现方式，它可以表示 Unicode 标准中的任何字符，且其编码中的第 1 字节与 ASCII 兼容。在 Python 中也使用 UTF-8 编码。

```
>>> s1="Hello World!"
>>> len(s1)
12
>>> print(chr(65))
A
>>> print(ord('A'))
65
>>> print(chr(ord('A')+3))
D
```

对于字符串的处理，除了内置函数外，Python 还提供了一系列的字符串处理方法，其用法与内置函数稍有区别。

格式：<字符串常量或变量>.<字符串处理方法>([参数，…])

说明：对指定的字符串完成相应的方法处理。

字符串处理中的一些常用方法如表 2-14 所示。

表 2-14 字符串处理方法

类别	方法	功能描述
大小写转换	str.capitalize()	将字符串 str 的第 1 个字符转换成大写
	str.lower()	将字符串 str 中的大写字符转换成小写
	str.upper()	将字符串 str 中的小写字符转换成大写
	str.swapcase()	将字符串 str 中的大小写字符互换
查找与替换	str.find(string[,start[,end]])	检测 string 是否包含在 str 中。如果包含，返回 string 的索引值，否则返回-1。如果有 start 和 end 参数则在指定范围内检测
	str.replace(old,new[,n])	将 str 中的 old 替换成 new，有参数 n 时，只能替换 n 次
计算	str.count(string,[start[,end]])	返回 string 在 str 中出现的次数，如果有 strart 和 end 参数则返回指定范围内出现的次数

续表

类别	方法	功能描述
判断	str.isalnum ()	如果 str 中所有字符都是字母或数字，返回 True，否则返回 False
	str.isdigit ()	如果 str 中只包含数字，返回 True，否则返回 False
	str.isalpha ()	如果 str 中的所有字符都是字母，返回 True，否则返回 False
	str.isupper ()	如果 str 中的字符均为大写，返回 True，否则返回 False
	str.islower ()	如果 str 中的字符均为小写，返回 True，否则返回 False
	str.isspace ()	如果 str 中只有空格字符，返回 True，否则返回 False
拆分与合并	str.split (sep,num)	返回一个由 str 内单词组成的列表，使用 sep 作为分隔字符串。如果给出了 num，则最多进行 num 次拆分
	str.join (seq)	以 str 为分隔符，将组合数据类型 seq 中所有元素合并成一个新的字符串
删除空格	str.strip ([string])	返回 str 的副本，在其左右两侧删除 string 中的字符。省略 string 时，默认为空格
	str.lstrip ()	删除 str 左侧的空格
	str.rstrip ()	删除 str 右侧的空格
格式化	str.format ()	返回 str 的特定格式

字符串的大小写转换。

```
>>> s1='Hello World!##你好, Pyhon!'
>>> print(s1.lower())
hello world!##你好, pyhon!
>>> print(s1.upper())
HELLO WORLD!##你好, PYHON!
>>> print(s1.swapcase())
hELLO wORLD!##你好, pYHON!
```

字符串的查找与替换。

```
>>> s1='Hello World!##你好, Pyhon!'
>>> print(s1.find("World"))
6
>>> print(s1.find("ello",3,9))
-1
>>> print(s1.replace("Hello","Hi"))
Hi World!##你好, Pyhon!
```

字符串的计算与判断。注意，字符串中的汉字会被 isalpha()方法判断为 True。

```
>>> s1='Hello World!##你好, Pyhon!'
>>> s2='123ab456'
>>> s3='789'
>>> print(s1.count("#"))
2
>>> print(s1.isalnum())
```

```
False
>>> print(s2.isdigit())
False
>>> print(s3.isdigit())
True
>>> s1.isalpha()
False
>>> "HelloWorld".isalpha()
True
>>> "Hello 你好".isalpha()
True
```

字符串的拆分与合并。

```
>>> s1='Hello World!##你好, Pyhon!'
>>> print(s1.split('!'))
['Hello World','##你好, Pyhon','']
>>> a=["中国","四川","成都"]
>>> s2='**'
>>> print(s2.join(a))
中国**四川**成都
```

删除字符串两侧指定字符。注意，str.strip(string)是在 str 的左右两侧删除 string 中字符的组合。

```
>>> s1=" Hello World! Hello "
>>> s2=s1.strip()
>>> print(s2)
Hello World! Hello
>>> print(s2.strip('Hello'))
 World!
>>> print(s2.strip("llo"))
Hello World! He
>>> s3="+=+=123==++"
>>> print(s3.strip("+="))
123
```

2.3.4 字符串的格式化

程序运行输出的结果很多时候以字符串的形式呈现。在 Python 中，可使用 format() 方法对字符进行格式化，是字符格式化的重要操作。下面介绍 format() 的用法。

1. format() 方法的基本用法

格式：<模板字符串>.format(参数)

说明：将 format 函数中参数按模板字符串指定的样式格式化。

模板字符串中包括一个或多个由"{}"括起来的"替换字段"，这些{}将由 format() 的参数来进行替换，不在大括号之内的内容被视为普通文本，会被原样输出。

在模板字符串中，如果{}里为空，将按照参数的先后次序进行匹配。如果{}里指定了参数的序号，则按照序号替换对应参数。

```
>>> #参数按次序替换模板中的{}部分
>>> print("{}同学，本学期{}课程成绩为{}分".format("王浩","Python",85))
王浩同学，本学期 Python 课程成绩为 85 分
>>> #参数按指定的序号替换模板中的{}部分
>>> print("{0}同学，本学期{1}课程成绩为{2}分".format("王浩","Python",85))
王浩同学，本学期 Python 课程成绩为 85 分
>>> print("本学期{1}课程成绩:{0} {2}分".format("王浩","Python",85))
本学期 Python 课程成绩:王浩 85 分
```

2. format()方法的格式控制

为了满足不同的输出格式需要，在模板字符串的替换字段{}中除了序号以外，还可以通过格式控制符来控制输出的字符串格式。

替换字段格式：{[序号]:格式控制符}

下面详细说明格式控制符。

格式：[fill][align][sign][width][,][.precision][type]

说明：具体规定数据的外观格式，格式控制符含义如表 2-15 所示。

表 2-15 format()方法的格式控制符

格式控制符		说明
fill		空白处填充的字符
align	<	内容左对齐
	>	内容右对齐(默认)
	^	内容居中对齐
sign	+	在正数数值前添加正号，在负数数值前添加负号
	−	正数不变，在负数数值前添加负号
	空格	在正数数值前添加空格，在负数数值前添加负号
width		指定格式化后的字符串所占的宽度
逗号(,)		为数字添加千分位分隔符
.precision		指定小数位的精度
type		指定格式化的类型

续表

格式控制符		说明
整型	b	将十进制整数自动转换成二进制表示，然后格式化
	c	将十进制整数自动转换为其对应的 Unicode 字符
	d	十进制整数
	o	将十进制整数自动转换成八进制表示，然后格式化
	x	将十进制整数自动转换成十六进制表示，然后格式化(小写 x)
	X	将十进制整数自动转换成十六进制表示，然后格式化(大写 X)
浮点型	e	转换为科学计数法(小写 e)表示，然后格式化
	E	转换为科学计数法(大写 E)表示，然后格式化
	f	转换为浮点型(默认保留小数点后 6 位)表示，然后格式化
	F	转换为浮点型(默认保留小数点后 6 位)表示，然后格式化
	%	输出浮点数的百分比形式

```
>>> print("{0:*^20}".format("hello"))
*******hello********
>>> print("{:*>20}".format("hello"))
***************hello
>>> print("{:*<20,}".format(1234567890))
1,234,567,890*******
>>> print("{:*^20.3f}".format(3.1415926))
*******3.142********
>>> print("{0:.3f}".format(3.1415926))    #精度.3f 控制浮点数输出 3 位小数
3.142
>>> print("{0:.3}".format("hello"))       #精度.3 用于输出字符串的最大长度为 3
hel
>>> print('{0}班{1}平均分是{2:>6.2f}，及格率{3:>6.2f}%'.format('文学 3',\
    '计算机',76.554,86.73))
文学 3 班计算机平均分是 76.55，及格率 86.73%
```

【例 2-3】 输入一个 18 位身份证号码，以类似"2000 年 03 月 15 日"的形式输出出生日期。

问题分析：输入的身份证号码 id 是一个字符串类型，其中序号 6～9 号对应字符为年份，10、11 号对应字符为月份，12、13 号对应字符为日。用字符串切片分别取得年、月、日，再将其按格式输出。

参考代码：

```
1. id=input("请输入 18 位身份证号码：")
2. year=id[6:10]
3. month=id[10:12]
4. day=id[12:14]
5. print("出生日期是：{:^6}年{:^4}月{:^4}日".format(year,month,day))
```

运行结果：

> 请输入 18 位身份证号码：510104201110113081
> 出生日期是：2011 年 10 月 11 日

问题拓展：编程实现，输入一个学号（总共 10 位，前 4 位为年级，5～6 位为学院号，7～8 位为班级号，9～10 位为班内编号）输出其年级、学院号和班级号，其中年级占 6 位，左对齐，学院和班级号占 4 位，居中对齐。

本 章 小 结

本章从 Python 基本的编码规范到语句书写的规则，从标识符到常量变量的使用，从数字类型的表示到数字类型的运算符与函数，从字符串的表示到字符串运算符与函数，一步步地介绍了 Python 的语言基础，帮助读者认识 Python 基本的数据类型及其使用方法，为之后学习程序设计打下基础。

习 题

1. 计算下面表达式的值：
   (1) int(5*math.sqrt(49)*10**(−2)*10+0.5)/10
   (2) 5//5*5/5%5
   (3) "123"+"100"
   (4) "Hello World!"[0:−2:2]
2. Python 的注释有哪几种方式？
3. input 函数返回的数据是什么类型？如果想要将输入的数据作为数字类型参与后面的计算，可以怎么处理？
4. 字符串的索引和切片操作有什么区别？
5. 给变量赋值有几种不同的方式？它们的特点分别是什么？

第3章

Python 程序控制结构

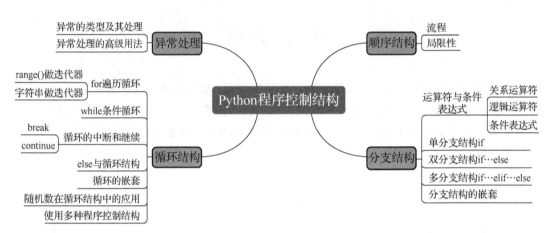

当我们学习一门自然语言时，需要按照一定的语序来进行表达。如同语句与语句之间要表示诸如如果……那么……，当……时，否则，且，或者等含义时，就得选用能表示语句相互关系的连词、副词一样，Python 语言中也包含这样的关键字，用以描述表达式的逻辑关系，以及控制程序语句之间的执行顺序。此外，若需要重复执行某些功能相似的语句代码，可借助特定的程序控制结构来减轻程序编写的烦琐程度，提高代码的复用性。本章将对 3 种程序控制结构及其应用做详细的介绍。

3.1　程序控制结构概述

首先我们来看一看生活中常常遇到的一幕。日常出行时，若需要在有限的时间内从出发地到达目的地，往往需要考虑以下几个问题：出发和到达的时间及时长，路程及交通费用，选择搭乘的交通工具，以及突发状况的备选方案。

在进行行程规划时，可以把以上问题细化为如下的行为步骤：

(1)在电子地图或旅行网站上输入出发地和目的地。

(2)选择可行的出行方式，如公共交通、驾车、打车、骑行、步行等，远距离出行还需要确定是否搭乘飞机、高铁。

(3)根据行程所需费用及时长确定最优出行方式及路线。

① 若更加关注时效性，则会把用时最短的路线放在首位。

② 若更加关注费用问题，则会考虑花费较少的路线及方式。

③ 否则，有可能会兼顾费用及时长。

(4)依据出行时间购票及出行。

(5)考虑备选方案,若第(1)~(4)步发生变化,则需要退票后重新执行上述 4 个步骤。

这是人们日常生活中常见的场景,也是我们出行决策的常规步骤。仔细观察这些步骤可以发现,我们的行为可划分成 3 种模式结构。

(1)依顺序执行。当我们依序执行第(1)~(4)步就能成功购票并出行,这便是依顺序执行。

(2)有条件的选择执行。在执行第 3 步时,还需要根据用户的关注点选择恰当的出行方式及路线,这便是有条件的选择执行。

(3)重复执行某些步骤。如果出行受阻需要再次规划路线及购票出行,则需要重新执行(1)~(4)步,这便是重复执行。

若能把解决出行问题的行为步骤转换为使用高级语言编写的程序,运行并反馈结果,将可以更有效地帮助用户制定出行计划。事实上,无论多复杂的程序都可以分解为 3 种基本控制结构:顺序结构、分支结构和循环结构。为了分析和准确描述程序执行的过程,通常使用自然语言、程序流程图、伪代码等方式进行算法描述。由于需要向读者展示各控制结构中程序语句执行的过程,本章的部分示例会使用带流向线的框图即流程图来进行描述,详见附录 A.3 中的附表 1 程序流程图的部分元素。因此本章的示例主要通过自然语言或程序流程图来进行算法分析,以便理清思路,更为清晰地展现 3 种程序控制结构,以及程序执行的过程。

3.2　顺　序　结　构

现实生活中按照顺序处理问题的情况是非常普遍的,例如,按照说明书步骤来启用新购买的电子设备,按照菜谱来制作美味佳肴。程序的顺序结构就是按语句出现的先后顺序执行的程序结构,是结构化程序中最简单的结构。顺序结构用流程图如图 3-1 所示。

顺序结构的语句格式如下:

语句 1

语句 2

…

语句 n

说明:计算机按顺序逐条执行语句,一条语句执行完毕,自动转到下一条语句。

"开始"和"结束"代表程序的起和止,运行程序时,会先执行"语句块 1",接着执行"语句块 2",最终结束程序运行。语句块可由一条或多条语句构成。

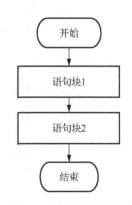

图 3-1　顺序结构流程图

下面 3 条顺序执行的语句实现对字符串逆向输出。

```
>>> str1="我是123"
>>> str2=str1[::-1]
>>> print(str2)
321是我
```

多条语句写在同一行时也是按先后顺序执行。上面对字符串逆向输出的 3 条语句也可如下书写：

```
>>> str1="我是123"; str2=str1[::-1]; print(str2)
321是我
```

1.3、2.2、2.3 节中的例题都涉及了顺序结构的应用。我们一般使用以下几个通用步骤来分析求解问题：问题分析、算法设计、编写代码、运行调试程序。下面研究两个可以用顺序结构解决的问题，请考虑那些通用步骤在这个问题求解过程中发挥的作用，并思考顺序结构面临的局限性。

【例 3-1】 虽然当今数字货币得到广泛的使用，但仍有不少人需要使用纸质货币找钱给用户。现在有若干张 20 元、5 元和 1 元的人民币，输入一个整数金额值，给出找钱的方案。若优先使用面额大的纸币，请计算至少需要多少张各种面额的人民币。

问题分析： 本问题需输入找零金额，计算找零纸币的最少张数并输出，可从面额最大的纸币开始计算所需张数，并求得剩余金额，按顺序逐步降低面额，继续计算，最后将所有计算所得的张数相加求和，采用顺序结构。设 N20、N5、N1 分别表示 20 元、5 元、1 元 3 种不同面额纸币的数量，从控制台输入找零金额 N，用 count 统计纸币张数并输出。对应的程序流程图如图 3-2 所示。

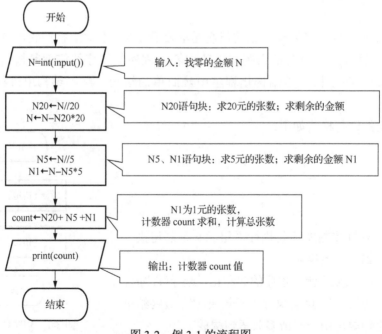

图 3-2   例 3-1 的流程图

参考代码：

```
1.  #例 3-1Change.py   计算找零纸币最少数量
2.  N=int(input('找零额度为:'))   #输入找零的额度 N
3.  N20=N//20                    #计算 N20, //为整除运算符
4.  print("20 元:",N20)          #打印输出 20 元纸币的张数, 便于读者观察结果
5.  N=N-N20*20                   #求剩余的金额 N
6.  N5=N//5                      #计算 N5
7.  print("5 元:",N5)            #打印输出 5 元纸币的张数
8.  N1=N-N5*5                    #求剩余的金额 N1, 即 1 元纸币的张数
9.  print("1 元:",N1)            #打印输出 1 元纸币张数 N1
10. count=N20+N5+N1              #计算总张数 count
11. print('找零至少需要纸币{}张'.format(count))   #输出结果
```

运行结果：

```
找零额度为:47
20 元: 2
5 元: 1
1 元: 2
找零至少需要纸币 5 张
```

问题拓展：

(1)第五套人民币的纸币面额分为 100 元、50 元、20 元、10 元、5 元、1 元，若不限制找零纸币的面额，则可先判断找零额度的范围，再从小于此额度的最大纸币面额开始计算，可以减少计算量。

(2)超市收银员在实际收银时，原始输入数据为各商品价格和顾客实际给付的货币额度，所以可以输入多个购物数据，计算出找零金额后再进行后续计算。

(3)使用顺序结构还可以解决生活中的哪些问题。你能将问题描述一下，并设计解决此类问题的程序吗？

【例 3-2】 生成 QR 二维码。

使用二维码进行扫码付款、访问信息是如今很常见的应用。二维码是用某种特定的几何图形按一定规律在平面(二维方向)上分布的黑白相间的图形记录数据符号信息的。通常分为行排式二维码和矩阵式二维码，QR 码(Quick Response Code)是最流行的矩阵式二维码，通过点或方块表示二进制数据 1，空白表示二进制数据 0。请使用顺序结构来创建自己的 QR 码。

问题分析： 在 Python 中，可以通过第三方库的 MyQR 包生成二维码，生成一个二维码只需要 2 行代码。用户可以在 "开始" 菜单的 cmd 命令提示符窗口中输入 "pip install MyQR" 来安装 MyQR，也可以在 PyCharm 中单击 file→settings→ "+" 按钮搜索并安装。安装完毕后顺序执行下面两行代码即可生成 QR 二维码。

参考代码 1：

```
1. from MyQR import myqr          #引用 MyQR 的 myqr 模块
2. myqr.run(words="http://www.baidu.com")
                                  #run 函数 words 参数设置二维码链接的网址
```

运行后生成的二维码图片文档可在项目文件所在的文件夹下找到，默认名称为 qrcode.png(图片文件的扩展名及类型为.png)，如图 3-3 所示。此外，若想生成如图 3-4 所示的自定义背景的二维码图片 code1.png，则可引入 MyQR 库的 myqr 模块，使用 run 函数的各个参数来实现自定义二维码的外观、背景、颜色、保存文件名及路径。

图 3-3　生成的二维码图片 qrcode.png　　　　图 3-4　自定义背景二维码图片 code1.png

run 函数的各个参数含义如表 3-1 所示。

表 3-1　run 函数的参数

参数	含义	参数类型及说明
words	二维码指向的链接	str，输入链接地址或需要链接的英文文本
version	边长	int，控制边长，范围为 1~40，默认边长为输入信息的长度
picture	背景图片	str，将二维码与同目录下的一张图片结合
colorized	颜色	bool，值为 True 时图片为彩色，值为 False 时图片为黑白色
contrast	对比度	float，调节图片对比度，值越小对比度越低，默认值为 1.0，表示为原始图片
brightness	亮度	float，调节图片的亮度，用法与取值同 contrast
save_name	输出文件名	str，指定输出图片文件名，缺省该参数时默认输出文件名是 qrcode.png
save_dir	存储位置	str，指定生成的二维码图片的存储位置，默认位置为当前项目文件所在文件夹

参考代码 2：

```
1. from MyQR import myqr                          #引用 MyQR 的 myqr 模块
2. myqr.run(words="http://www.baidu.com",
                        #run 函数 words 参数设置包含的链接信息
3. picture="lands.jpg",
                        #picture 参数设置背景图片 lands.jpg 与程序文件在同一目录下
4. colorized=True,
                        #colorized 参数设置是否是彩色图片，若为 False 则为黑白色
5. save_name='code1.png')
                        #save_name 参数设置生成的二维码图片文件名，文件扩展名为.png
```

注意：第 2 行代码 run 函数的 4 个参数赋值被分成了 4 部分，分别写在了 2~5 行，但其实是一条语句。多个参数用","间隔时，可直接在","号处换行。

问题拓展：若使用动态 gif 类型图片做背景图片并指定输出的文件扩展名为.gif，就能生成动态二维码，快去试试吧。

顺序结构是程序必不可少的基本结构，但也存在一定局限性。

(1)语句间存在依赖关系。受限于顺序结构的语句间的依赖关系，必须先执行第 1 条

语句，再执行第 2 条语句，然后再执行第 3 条语句……但真正运行程序时，可能随情况变化而要求不一样的程序执行过程，如会要求更后面的语句得到提前执行。因此可以把需要进行判断并执行的代码用分支结构来实现(详见 3.3 节)。

(2)无法实现代码复用。需要多次重复执行的语句部分，必须按顺序全部写出，从而使得代码异常烦琐。因此可以把需要重复执行的语句写入循环结构(详见 3.4 节)。

(3)无法处理异常对程序的中断。如例 3-1 中的 N=int(input('找零额度为:'))语句要求用户输入数字型数据，但当用户输入"47RMB"这样的非数字型数据时，会产生一个 Traceback 异常(详见 3.5 节)。异常会中断程序的执行，而顺序结构没有处理异常的能力。

3.3　分　支　结　构

现实生活中，我们常需要根据不同情况做出不同的选择。成语"因时制宜"，是指根据不同时期的具体情况，采取适当的措施。如水库通常会在秋初洪水风险消退的时候开始蓄水提高水位，到春末雨季开始前放水降低水位。在计算机执行某些程序指令时也借鉴了这一思路，让计算机能检查程序的当前状态，并据此采取相应的措施。分支结构能根据条件的不同，选择执行不同的语句块，当满足某个条件时用 True 或 1 来表示逻辑真，用 False 或 0 来表示逻辑假，以使程序具备逻辑判断能力。

3.3.1　运算符与条件表达式

在分支结构和循环结构中，都需要根据条件表达式的值来确定下一步的执行流程。当值为逻辑真 True 时表示条件成立，值为逻辑假 False 时表示条件不成立，而在条件表达式中经常会使用关系运算符和逻辑运算符。

1. 关系运算符

常用的关系运算符(也称比较运算符)及其示例如表 3-2 所示。其中 8 个关系运算符的优先级别相同(详见 Python 官方文档)，设表中变量 a=3，b=5(这里的=表示赋值符，变量 a 被赋值为 3，b 被赋值为 5)。

表 3-2　Python 语言中的关系运算符

运算符	对应的数学运算符	含义	表达式示例
==	=	等于	a==3 返回逻辑值 True
!=	≠	不等于	b!=5 返回逻辑值 False
>	>	大于	a>b 返回逻辑值 False
<	<	小于	b<10 返回逻辑值 True
>=	⩾	大于等于	b>=a 返回逻辑值 True
<=	⩽	小于等于	a<=0 返回逻辑值 False
is		相同，同一性	当 c=3.0 时，a is c 返回 False，但 a==c 返回 True
is not		不相同	当 d=5.0 时，b is not d 返回 True

注意：

(1) 不要将= =误写为=，= =是表示等于的关系运算符，而=是赋值符。

(2) 使用= =运算符时，两操作数若为不同数字类型，仍然可判定为"等于"；但 is 和 is not 运算符将视其为不相同。

```
>>> a=3
>>> c=3.0
>>> a==c
True
>>> a is c
False
>>> int(c)is not c    #对浮点型变量c取整后其值与c不相同
True
```

(3) Python 语言中，非 0 数值或非空数据类型等价于逻辑真 True，0 或空类型等价于逻辑假 False，可以直接用作判断条件；在参与数值运算时，Python 会自动把 True 转换成数字 1，False 转换成数字 0。

```
>>> bool(0)
False
>>> bool(123)
True
>>> a=3
>>> b=5
>>> print((a==3)+(b!=7))    #因(a==3)值为1，(b!=7)值为1，求和后的结果为2
2
```

(4) 浮点数运算可能存在误差，无法精确比较是否相等。Python 程序语言的浮点数类型最长可输出 16 位数据，但只能提供 15 位有效精度，最后一位由计算机根据二进制数据计算结果确定，可能存在误差。因为某些小数的二进制形式是无限循环的，只能取近似值。

```
>>> 1.3-1==0.3
False
>>> 1.3-1
0.30000000000000004
>>> 0.1+0.05==0.15
False
```

(5) Python 语言中的关系运算符最大的特点是可以进行链式比较，这非常便于描述复杂条件。

表达式 0<=x<=5 用来表示 $0 \leqslant x \leqslant 5$，相当于表达式 0<=x and x<=5。

表达式 0<y<=5 用来表示 $0 < y \leqslant 5$，相当于表达式 0<y and y<=5。

(6) 使用关系运算符的前提是各操作数之间可以比较大小，如数值与数值比较大小，字符串与字符串比较大小。Python 字符串比较大小默认按 Unicode 编码比较，先比较两个字符串的首字母，若首字母相等再比较第 2 个位置的字符。可以通过内置函数 ord 获取参数的 Unicode 编码。Python 不支持字符串与数值比较大小，但可以判断是否相等。

```
>>> "China" >"Canada"   #Python 字符串比较大小默认按 Unicode 编码比较
True
>>> "abc" <"ABC"        #先比较首字母，由于 ord('a')> ord('A')
False
>>> 4.0==4
True
>>>a=input()            #input()接收的是文本字符"3"
3
>>> a==3                #由于 a 被赋值为字符"3"，所以不等于数值 3
False
>>> a>2                 #由于 a 被赋值为字符"3"，所以不能与数值 2 比较大小
Traceback (most recent call last):
    File "<pyshell#44>",line 1,in <module>
        a>2
TypeError: '>' not supported between instances of 'str' and 'int'
```

2. 逻辑运算符

当需要表示更复杂的条件表达式时，可使用逻辑运算符。请注意，关系运算符的优先级高于逻辑运算符，而逻辑运算符 not、and、or 的优先级依次递减：not>and>or，表 3-3 展示了 3 个逻辑运算符的含义及示例。设表中变量 a=3500，b=5200(这里的=表示赋值符，变量 a 被赋值为 3500，b 被赋值为 5200)。

表 3-3　逻辑运算符

逻辑运算符	含义	表达式示例
not	逻辑非	not (3000<=a<=5000)　返回值 False
and	逻辑与(且)	3000<=a<=5000 and b>5000 返回值 True
or	逻辑或	a<0 or b>10000　返回值 False

注意：Python 语言视非 0 和非空数据为 True，0 和空为 False，所以逻辑运算表达式的值可以为 True、False，也可以为其他数据类型。

```
>>> 2 and 3
3
```

这时，2 为 True 且 3 为 True，与运算结果为 3(True)，因为当两操作数为真时，与运算结果为真，所以要判断两个操作数，且以最后一个操作数的值为结果，结果类型为数值类型。

```
>>> "abc" and "def"
'def '
```

原理同上，表达式结果类型为字符型。

```
>>> 5 and False
False
>>> 2 or 3
2
```

此时，2 为 True 且 3 为 True，或运算结果为 2(True)，因为当判断出第 1 个操作数为 2(True)，或运算结果即可为真，所以根本不用判断第 2 个操作数，以第 1 个操作数的值为结果，结果类型为数值型。

```
>>> "abc" or "def"
'abc'
```

原理同上，表达式结果类型为字符型。

3. 条件表达式

下面学习使用关系运算符、逻辑运算符和其他运算符来构建条件表达式，用于描述各种复杂条件。

(1)如何表示变量 x 为一个偶数的条件？

问题分析：变量 x 若能整除 2，则 x 是偶数。

条件表达式：x % 2 = = 0 或 x//2= =x/2 或 int(x/2)= = x/2

(2)俗语说：四年一闰，百年不润，四百年又润。如何表示变量 year 为闰年的条件？

问题分析：变量 year 若能整除 4，但不能整除 100，或能整除 400，则 year 是闰年。

条件表达式：year % 4 = = 0 and year % 100!= 0 or year % 400 = = 0

(3)如果 a 说 b 在撒谎，b 说 c 在撒谎，c 说 a 和 b 都在撒谎，而 3 个人中只有 1 个人在说真话。这个条件应该如何表示？

问题分析：在 3 个人中只一人说真话，其余两人撒谎的前提下，考虑使用 True 或 1 来表示说真话，使用 False 或 0 来表示撒谎。当 b 为 True 时用 not b 表示 b 在撒谎，前提是需要逐一假设 a、b、c 中的一个为 True，另两个为 False，判断三人所说的话是否符合 1 真 2 假。

条件表达式：(not b)＋(not c)＋(not a and not b)= =1

(4)如何表示 customer 变量是"会员"，且消费金额变量 consume 大于 200 的条件？

问题分析：若顾客已经输入"是"或"不是"来表达会员身份并赋值给了 customer 变量，输入消费金额并赋值给了 consume 变量，该如何书写条件表达式？

条件表达式：customer= ="是" and consume>=200

进行条件表达式的有效描述，将有助于我们在使用程序分支结构或循环结构时提供条件判断的可能，使得计算机能恰当地执行程序中的分支语句块，或进入循环体去执行代码。

3.3.2　单分支结构

"如果自由是名副其实的，那么一切都将服从于它"——埃德蒙·伯克。"如果你选择了远方，你注定要远行。"在以上的语境中，"如果"是连词，表示假设某个条件达成时将导致一系列的结果。而 Python 语言可使用 if 关键字进行类似的条件判断，如果条件表达式的值为真，那么就执行相应的语句序列。这样的程序控制结构称为单分支结构，Python使用 if 语句来描述单分支结构，语句格式如下：

if<条件>:

　　<语句块>

若语句块语句较少也可将其与条件写在一行。

if<条件>:　<语句块>

单分支结构用流程图表示如图 3-5 所示。

说明：

(1)当条件表达式为真时，执行语句块中的语句，否则将跳过语句块，执行后面可能存在的其他的语句。语句块可由一条或多条语句构成。

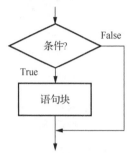

图 3-5　单分支结构流程图

(2)语句格式中条件表达式后紧跟英文半角冒号 ":"。

(3)待执行的语句块若不与条件同行则必须使用缩进格式表示被包含关系。

根据条件进行判断并执行特定流程的程序应用非常广泛。在各种控制系统中，当各传感器传递的数据达到某特定阈值时，就可以进行报警或应急处理，如温度、湿度、压力……我们来尝试编写一个对空气湿度预警的程序。

【例 3-3】　图书馆的温控区，通常湿度需要控制在50%±5%(45%～55%)，请设计程序当控制台输入的湿度超过 55%时，输出需要抽湿的预警信息。

问题分析：本问题需输入当前相对湿度数据，判断其数字部分的值是否大于 55，若大于则输出抽湿的预警信息。由于输入的字符串数据末位有百分号，考虑使用字符

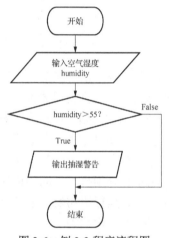

图 3-6　例 3-3 程序流程图

切片的方式提取数字部分，再使用转换函数转换为数值。本题采用单分支结构，实现根据单个条件判断，输出相应结果。对应的程序流程图如图 3-6 所示。

参考代码 1：

```
1. humidity=input("请输入当前相对湿度：")
2. if eval(humidity[0:-1])>55:#humidity[0:-1]对输入的字符串切片，取其数字部分
3.     print("湿度高限预警，开启抽湿机")
```

运行结果：

```
请输入当前相对湿度：78%
湿度高限预警，开启抽湿机
```

事实上，如果湿度过低也不利于物品的储藏。图书馆的相对湿度常控制在 45%～55%，所以需要增加湿度低限预警，以便开启加湿器。在此例中我们可再次使用单分支结构进行条件判断，以便输出加湿预警。

参考代码 2：

```
1. humidity=input("请输入当前相对湿度：")      #输入相对湿度
2. if eval(humidity[0:-1])>55:              #输入的字符串中数值部分若大于55
3.     print("湿度高限预警，需要开启抽湿机")
4. if eval(humidity[0:-1])<45:              #输入的字符串中数值部分若小于45
5.     print("湿度低限预警，需要开启加湿器")
```

运行结果：

```
请输入当前相对湿度：35%
湿度低限预警，开启加湿器
```

问题拓展：当输入的湿度值在正常范围时，还应输出湿度正常的提示。编程实现该功能。

单分支结构能解决当某个条件为真时执行语句块的单一功能，但当此条件为假时，很可能需要执行备选语句块的代码，这样的需求可以使用双分支结构来实现。

3.3.3 双分支结构

"羚羊在前面快速奔跑，如果小猎豹速度够快就能饱餐一顿了，否则就只能灰溜溜地继续挨饿。"在这样的语境中，小猎豹跑得快的条件达成就能填饱肚子，否则就得挨饿。饱和饿的两种状态是条件达成与否导致的两种截然不同的后果，最终小猎豹只会呈现出其中的一种状态。Python 语言中有也类似的语句结构，可根据某个条件进行判断，条件成立或不成立时分别执行不同的语句快。用于解决当某个条件为真时执行语句块 1 或条件为假时执行语句块 2 的程序控制结构称为双分支结构（又称两路分支结构或二分支结构），通常用 if…else 语句来实现。

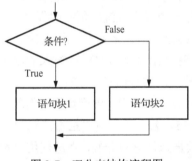

图 3-7 双分支结构流程图

Python 使用 if…else 语句来描述双分支结构，双分支结构用流程图表示如图 3-7 所示。

格式 1：

```
if<条件>:
    <语句块 1>
else:
    <语句块 2>
```

或

```
if<条件>:  <语句块 1>
else:  <语句块 2>
```

说明：

(1)当条件为真时执行语句块 1，否则执行语句块 2。语句块 1 和语句块 2 有且仅有一个会被执行。每个语句块可由多行语句构成。

(2) if 语句的条件表达式及 else 关键字后都需紧跟英文半角冒号 ":"。

(3) 待执行的语句块 1 若不与条件同行，或语句块 2 若不与 else 同行，则必须使用缩进表示被包含关系。

双分支结构也可使用以下的紧凑格式进行表达。

格式 2：<表达式 1> if <条件> else <表达式 2>

说明：当条件为真时返回表达式 1 的值，否则返回表达式 2 的值，表达式 1 和表达式 2 也可以是简单语句。

```
>>> a,b=4,5                    #变量 a 赋值为 4，变量 b 赋值为 5
>>> print(a if a>b else b )    #输出 a、b 之中较大的那一个
5
>>> print(a)if a>b else print(b)
5
```

通过下面这个示例来展示双分支结构的使用方法。

【例 3-4】　身份证性别判别：中国居民身份证号码的倒数第 2 位若为奇数则性别为男性，若为偶数则性别为女性。请编程实现当输入一个身份证号码时，输出该身份证号码所属人的性别。

问题分析：本问题需输入用户身份证号，通过字符串索引来获取倒数第 2 位的号码，判断该数的奇偶性，并由此输出对应性别，若为偶数输出女性，否则输出男性。程序分别使用双分支结构的两种格式实现，对应的程序流程图如图 3-8 所示。

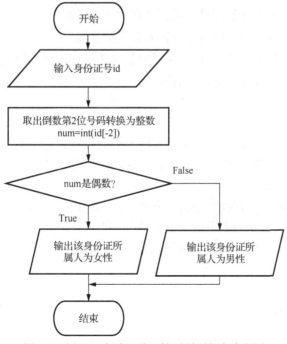

图 3-8　例 3-4 身份证号码性别判别程序流程图

参考代码 1：

```
1. id=input("请输入 18 位身份证号码:")      #输入 18 位数字字符
2. num=int(id[-2])                 #字符索引取出倒数第 2 位号码转换为整数
3. if num%2==0:                    #采用双分支结构的格式 1，若该数为偶数
4.     print("该身份证所属人为女性")
5. else:                           #否则
6.     print("该身份证所属人为男性")
```

运行结果：

```
请输入 18 位身份证号码:500107200103052180
该身份证所属人为女性
```

参考代码 2：

```
1. id=input("请输入 18 位身份证号码:")      #输入 18 位数字字符
2. num=int(id[-2])                 #字符索引取出倒数第 2 位号码转换为整数
3. #采用双分支结构格式 2 的…if…else…语句
4. print("该身份证所属人为{}".format("女性" if  num%2==0 else "男性"))
```

运行结果：

```
请输入 18 位身份证号码:503109199812072250
该身份证所属人为男性
```

问题拓展：

(1) 可否验证示例中的身份证号码是否为有效身份证呢？

(2) 如何通过一个身份证号码解读所属人相关信息呢？

当条件变得足够复杂时，需要逐一判断的条件和执行的语句块更多时，可以采用模块化的形式将其组合在一起，即多分支结构。

3.3.4 多分支结构

春耕、夏耘、秋收、冬藏是古代劳动人民因时变而制宜总结出来的种植规律，即当四季变换更迭之时，需采用不同的农业措施以应对。在日常生活中，人们通常也会用复杂的决策方式去应对各种状况，例如我们出行时会综合考虑距离长短，用时多少，费用高低等不同的因素，从而决定采用某种交通出行方式。Python 语言也包含相似的结构，以应对更加复杂的条件判断。当且仅当多个条件中的某个条件成立时，才执行相对应的语句块，此种结构称为多分支结构。Python 使用块结构语句 if…elif…else 来描述多分支结构。

格式：

```
if <条件 1>:
    <语句块 1>
elif <条件 2>:
    <语句块 2>
```

```
    ...
    elif<条件 n>:
        <语句块 n>
    else:
        <语句块 n+1>
```

说明：

(1)多分支结构可由 n 个条件来决定 n+1 条分支语句块的执行，这 n 个条件是互斥的，当且仅当上一个条件不成立时，才进入 elif 语句判断下一个条件表达式。在仅有一个条件满足的情况下，有且仅有一条分支语句块会被执行，else 语句表示当之前的 n 个条件皆不成立时，则执行最后的语句块 n+1。

(2)每个条件表达式及 else 关键字后需紧跟英文半角冒号 ":"。

(3)各语句块若不与条件同行，则需使用缩进表示被包含关系。

语句执行过程为：首先判断条件 1 是否为真，条件 1 为真则执行语句块 1，执行完毕后结束该多分支结构；否则当条件 1 为假时，继续判断条件 2 是否为真，若条件 2 为真则执行语句块 2，执行完毕后结束该多分支结构；否则继续依次判断后续条件，直到某个条件为真，就执行该条件下的那个语句块，并结束该多分支结构……最后的 else 语句表示当之前的 n 个条件皆不为真时，执行语句块 n+1。综上所述，多分支结构的各条件互斥，有且仅有一个语句块会被执行。

多分支结构的两种流程图表示法如图 3-9 所示。

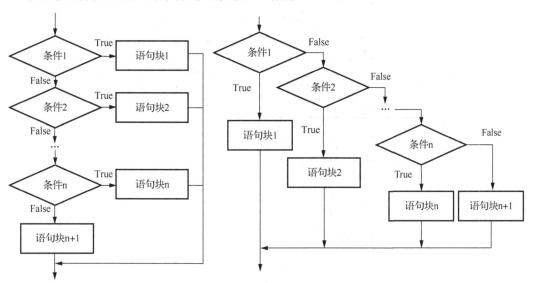

图 3-9　多分支结构控制流程图

接下来通过两个示例展示多分支结构的程序应用。

【例 3-5】　某图书馆超期罚款的规定是，每本书借期 30 天，逾期按每天 0.10 元收取滞纳金，若逾期超 1 年不还则自动停止借阅，除非缴纳罚款 50 元。输入借阅天数，若超期，输出超期处罚结果。

问题分析：使用图表来进行分析，如表 3-4 所示。

表 3-4   图书借阅规定

借阅天数	超期处罚结果
30 天以内	0
1 个月 (30 天) 以上 13 个月 (395 天) 以下	罚款：（天数-30）×0.1 元
13 个月 (395 天) 以上	逾期超 1 年停止借阅，缴纳罚款 50 元

超期罚款问题涉及 3 个条件和 3 个不同的结果，可以使用多分支结构 if…elif…else 语句。

本问题需输入借阅天数，根据天数进行判断并输出相应反馈信息和处罚结果：若借阅天数小于等于 30 天，输出"感谢您按时归还，欢迎再次借阅"；若天数大于 30 天且小于 395 天，计算超期天数并执行相应的罚款条款；若天数大于等于 395 天，输出"逾期 1 年停止借阅，请缴纳罚款 50 元"。对应的程序流程图如图 3-10 所示。

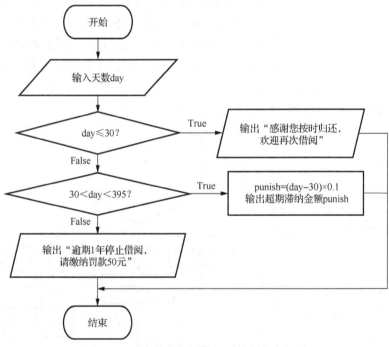

图 3-10   图书馆超期罚款问题的程序流程图

参考代码：

```
1. day=int(input("借阅天数为："))
2. if day<=30:                        #天数小于等于 30 天
3.     print("感谢您按时归还，欢迎再次借阅")
4. elif 30<day<395:                   #逾期 1 年以内
5.     punish=(day-30)*0.1
6.     print("超期滞纳金为{:.2f}元".format(punish))
```

```
7. else:                              #逾期 1 年以上
8.     print("逾期 1 年停止借阅，请缴纳罚款 50 元")
```

多次运行程序并输入不同数据，使得多分支结构的每个分支语句都有机会被执行，以验证程序正确性。

运行结果 1：

借阅天数为：210
超期滞纳金为 18.00 元

运行结果 2：

借阅天数为：435
逾期 1 年停止借阅，请缴纳罚款 50 元

问题拓展：本题的第 4 行指令"elif 30<day<395:"可以将条件表达式简写为"day<395"，为什么？

【例 3-6】　利润与奖金。企业根据利润提成发放奖金。利润 profit 低于或等于 20 万元时，奖金 bonus 可提成 10%；利润高于 20 万元，低于或等于 50 万元时，低于 20 万元的部分按 10%提成，高于 20 万元的部分可提成 5%；利润在 50 万到 100 万之间时，高于 50 万元的部分，可提成 2.5%；利润高于 100 万元时，高于 100 万元的部分按 1%提成。从键盘输入当月利润 profit，求应发放奖金 bonus 的总额。

问题分析：尝试用数轴图来标注各数据，如图 3-11 所示。

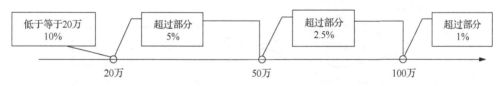

图 3-11　奖金累进数轴图

可使用表格来分析，设 j 为级别，P_j 为利润，β_j 为提成率，b_j 为奖金，根据利润和提成率计算速算加成数额 k_j，如表 3-5 所示。

表 3-5　奖金提成累进表

级别 j	利润 P_j/元	提成率β_j	速算加成数额 b_j/元
1	0<profit≤20 万的部分	10%	0
2	20 万<profit≤50 万的部分	5%	10000
3	50 万<profit≤100 万的部分	2.5%	22500
4	Profit>100 万的部分	1%	37500

注意：使用速算加成数额能减少奖金 bonus 的计算量，它表示先将利润按其适用的最高级别计算提成额度，然后再加上速算加成数额，其和就为按累进法计算的奖金额度。如利润 profit=850000，奖金 bonus 为 bonus=850000×2.5%+22500=43750。

奖金计算公式为 $b_j=P_j×β_j+k_j$，即奖金=利润×适用提成率+速算加成数额。

本问题需输入利润值 profit，判断利润属于哪一个级别，根据该级别的提成率和速算加成数额计算奖金 bonus 并输出，宜采用多分支结构，对多个条件逐一判断，当某个条件成立时执行相应分支语句。对应的程序流程图如图 3-12 所示。

参考代码：

```
1. #3-6 利润与奖金
2. profit=int(input("请输入一个正整数表示利润(元):"))
3. if 0<profit<=200000:          #条件 1：当利润小于等于 20 万元时
4.     bonus=profit*0.1          #第 1 级奖金
5. elif profit<=500000:          #否则条件 2：当利润大于 20 万元小于等于 50 万元时
6.     bonus=profit*0.05+10000   #第 2 级累进奖金
7. elif profit<=1000000:         #否则条件 3：当利润大于 50 万元小于等于 100 万元时
8.     bonus=profit*0.025+22500  #第 3 级累进奖金
9. else:                         #否则当利润大于 100 万元时
10.     bonus=profit*0.01+37500  #第 4 级累进奖金
11. print("奖金为{:.2f}元".format(bonus))#输出奖金
```

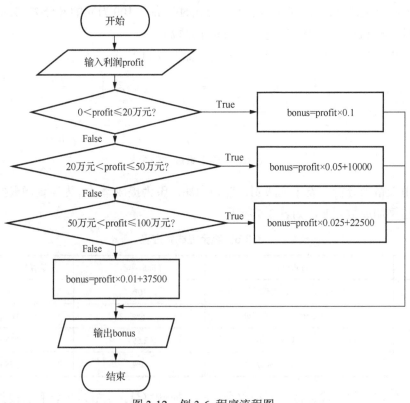

图 3-12　例 3-6 程序流程图

注意：因条件 2 被判断的前提是条件 1 不成立，故可把表达式 200000<profit<=500000 简单写为 profit<=500000。同理条件 3 也可简写。而程序最后的"else:"表示之前的条件都不为真，隐含了利润大于 100 万元的条件，故可直接计算第 4 级累进奖金。

多次运行程序并输入不同数据，使得多分支结构的每个分支语句都有机会被执行，以验证程序正确性。

运行结果 1：

```
请输入一个正整数表示利润(元):456323
奖金为32816.15元
```

运行结果 2：

```
请输入一个正整数表示利润(元):150000
奖金为15000.00元
```

问题拓展：

(1)请思考本题的速算加成数额是如何计算得到的。

(2)事实上，个人所得税累进税率的计算方法与本题非常相似。请查阅资料，根据最新的个人所得税税率表设计一个程序，用于计算个人所得税。

(3)在日常生活中很多问题可以借助多分支结构来实现多条件判断，如计程车计费、快递费用、超速罚单、成绩等级分计算等。请尝试设计一个程序实现相应功能。

3.3.5　分支结构的嵌套

事实上，各种分支结构在实际应用时应灵活选用，我们可以把多种分支结构组合起来，实现复杂条件的判断。下面的例子将充分展现嵌套分支结构的使用方法。

【例 3-7】　输入某年某月，判断并输出该年月的天数。

问题分析：根据输入的月份 month 我们可以分类判断该月属于大月(31 天)还是小月(30 天)，可用列表[1,3,5,7,8,10,12]来存储大月的月份数，列表[4,6,9,11]来存储小月的月份数。关于列表的使用请参见第 4 章。使用"if month in [1,3,5,7,8,10,12]:"语句即可逐一判断 month 变量的值是否在大月列表中了。

此外，还需考虑特殊的闰月问题。闰年 2 月为 29 天，平年 2 月为 28 天。判断年份 year 是否为闰年的条件是：若年份能整除 4，但不能整除 100，或能整除 400 时，该年是闰年。

本问题需输入年份 year 和月份 month，判断月份 month 是大月、小月或 2 月；若为 2 月则进一步判断年份 year 是否为闰年，最后输出该年月对应的天数。对应的程序流程图如图 3-13 所示。

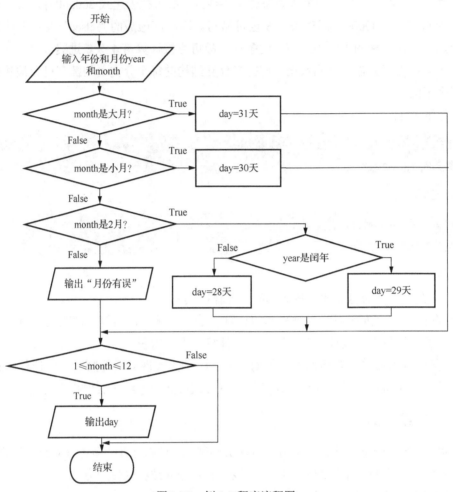

图 3-13 例 3-7 程序流程图

参考代码：

```
1.   year=int(input("请输入年份："))
2.   month=int(input("请输入月份(1~12)："))
3.   if month in [1,3,5,7,8,10,12]:        #若 month 是大月列表中的一个数据
4.       day=31
5.   elif month in [4,6,9,11]:             #否则若 month 是小月列表中的一个数据
6.       day=30
7.   elif month==2:                        #如果是 2 月，需要进一步判断是否是闰年
8.       if year%4==0 and year%100!=0 or year%400==0:        #若是闰年
9.           day=29                        #2 月为 29 天
10.      else: day=28                      #否则 2 月为 28 天
11.  else: print("月份有误")               #否则月份未按要求输入 1~12 的数字
12.  if 1<=month<=12: print("{}年{}月有{}天".format(year,month,day))
```

运行结果 1：

```
请输入年份：2020
请输入月份(1～12)：2
2020 年 2 月有 29 天
```

运行结果 2：

```
请输入年份：2021
请输入月份(1～12)：3
2021 年 3 月有 31 天
```

问题拓展：至此我们已经了解了所有分支结构的类型，可以使用这些结构解决众多的逻辑判断问题。请尝试编写以下程序：消费计划、个人资产管理、时间管理、行程安排。

3.4 循 环 结 构

之前我们编写的很多程序在 run(运行)之后都仅能执行一次，怎样才能使得程序的重要功能代码可自动多次执行以方便用户使用呢？

还记得本章开头提到的案例吗？若一项出行计划由于某些突发状况必须重新规划和设计路线，这意味着之前所有历经的选择过程及流程不得不重新执行一遍。对程序设计者来讲，也需要考虑使用一种高效的程序控制结构来节省编程者的重复劳动，否则就得大段大段地复制粘贴代码，有时还不太能确定需要复制粘贴多少次。而循环结构能显著提高程序编写和运行的效率，使得计算机能自动多次执行相似的代码。Python 语言提供了 for 遍历循环和 while 条件循环结构，来提高代码的复用性，其中 for 遍历循环的循环次数具有确定性，而 while 条件循环的循环次数具有不确定性。

3.4.1 for 遍历循环

在正式学习本节内容之前,我们先尝试使用以下的语句代码来绘制如图 3-14 所示的半径以 10 像素递增的同切圆。

```
1. from turtle import *
2. circle(10)      #绘制半径不等的圆
3. circle(20)
4. circle(30)
5. circle(40)
6. circle(50)
7. done()
```

如果希望绘制 20 个同切圆，其半径按 50 像素的步长递增，必须得编写更多的 circle 函数吗？非也，借助 for 遍历循环结构，再多的圆我们也可以轻松搞定。

for 遍历循环结构是循环次数确定的循环结构，它使用一个循环控制器也称为迭代器来描述循环体重复执行的次数。for 遍历循环结构用流程图表示如图 3-15 所示。其语句格式如下：

for <循环变量> in <迭代器>:
    循环体语句块

说明：

(1) 关键字 for 引导的语句行称为循环的头部，其循环变量按顺序依次取(遍历)迭代器表示的序列中的各个元素，每取一个值，循环体将执行一遍，直到遍历完成结束循环结构。

(2) 循环体执行次数是根据迭代器中的序列值和元素个数来确定的。

(3) 语句格式中迭代器后紧跟英文半角冒号":"。

(4) 待重复执行的循环体语句块需使用缩进表示被包含关系。

图 3-14　同切圆

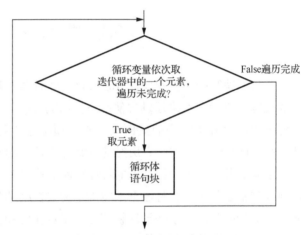

图 3-15　for 遍历循环结构控制流程图

使用下面的代码来展示迭代器的功能：

```
>>> for i in range(6):
        print("*",end="")
******
```

以上的两行代码中，range(6) 为 for 遍历循环语句的迭代器，产生 0,1,2,3,4,5 的数值序列。循环变量 i 分 6 次遍历这个序列值，i 第一次取值 0，第二次取值 1……第 6 次取值 5，每取一次值，便执行一遍循环体的 print("*",end="") 语句，不换行输出一个星号"*"，共计循环 6 次，不换行输出 6 个星号。

迭代器的类型繁多，可以是 range() 生成的序列、字符串、列表、字典、文件等。下面我们来详细了解迭代器的几种类型。

1. range() 做迭代器

range() 是 Python 语言的一个内置函数，调用这个函数就可以产生一个迭代序列。

range(start,stop[,step]) 函数的 3 个参数分别表示序列初值、终值、步长，省略步长时，步长默认为 1，各序列元素按 1 递增。但请注意，range 函数设定的 stop 终值是取不到的，当步长值为正数时，序列最后一项总是小于终值；当步长值为负数时，序列最后一项总是大于终值。该函数有以下几种调用格式。

格式 1：

for <循环变量> in range(n):
　　循环体语句块

格式 2：

for <循环变量> in range(m,n):
　　循环体语句块

格式 3：

for <循环变量> in range(m,n,d):
　　循环体语句块

说明：

(1) range(n) 得到的迭代序列为[0,n)，即 0,1,2,···,n-1，当 n<=0 时序列为空。

```
>>> a,b,c,d,e=range(5)      #解包赋值，分别给 a,b,c,d,e 变量赋值为 0~4 的序列值
>>> print(a,b,c,d,e)
0 1 2 3 4
```

当 range(n) 做 for 遍历循环的迭代器时，循环变量就能按顺序被赋值为 0~n-1 的序列值。

```
>>> for x in range(5):      #共计循环 5 次，循环变量 x 按顺序被赋值为 0,1,2,3,4
        print(x,end=" ")    #每取一次 x 值，执行一遍 print 语句，输出当前 x 值及空格
0 1 2 3 4
```

(2) range(m, n) 得到的迭代序列为[m,n)，即 m,m+1,m+2,·····,n-2,n-1，当 m>=n 时序列为空。

```
>>> a,b,c,d,e=range(2,7)    #解包赋值，分别给 a,b,c,d,e 变量赋值为 2~6 的序列值
>>> print(a,b,c,d,e)
2 3 4 5 6
```

当 range(m,n) 做迭代器时，循环变量就按顺序被赋值为 m~n-1 的序列值。

```
>>> for x in range(2,7):    #共计循环 5 次，循环变量 x 按顺序被赋值为 2,3,4,5,6
        print(x,end=" ")    #每取一次 x 值，执行一遍 print 语句，输出当前 x 值及空格
2 3 4 5 6
```

(3) range(m,n,d) 得到的迭代序列为 m,m+d,m+2d,···,m+xd，其中步长(公差)值为 d，当 m<n 且步长 d 为正时，序列递增且 m+xd<n；当 m>n 且步长 d 为负时，序列递减且 m+xd>n，否则将产生空序列。例如：

range(2,10,2) 将得到序列 2,4,6,8。请思考为什么该序列的最后一项不为 10？

range(13,0,-3) 将得到序列 13,10,7,4,1。

range(0,13,-3) 和 range(13,0,3) 都将得到空序列。

当 range(m,n,d) 做迭代器时，循环变量就能按顺序被赋初值为 m、步长为 d 的序列值，如果产生的序列为空，循环体语句将一次也不执行。

```
>>> for x in range(7,0,2):    #由于迭代器初值 7>终值 0，且步长值 2 为正数，序列为空
    print(x,end=" ")          #循环体语句一次也不执行
```

现在我们可以重写之前的绘制同切圆程序了。如果知道待绘制的同切圆数量，且各圆半径按某步长值递增或递减，那么我们就可以使用 for 循环结构来改写程序。

【例 3-8】 使用遍历循环绘制 5 个半径按 10 像素递增的同切圆。

问题分析：本问题需要把绘制多个同切圆的相似语句 circle() 修改为 for 遍历结构下的一条循环体语句 circle(radius)，并通过循环变量 radius 取迭代器 range(m,n,d) 产生的序列值来控制循环次数，以便绘制多个半径依次递增的同切圆。

for 循环结构的迭代器 range(m,n,d) 初值 m 为 10，表示最小圆的半径；步长即公差为 10，表示圆半径的增量；需计算得到最大圆的半径 x，并进一步求得迭代器终值 n。此时已知项数为 5，表示圆的数量，按照等差序列的公式：末项=首项+(项数-1)×公差，可求得最大圆的半径 x=10+(5-1)*10=50。由于迭代器 range(m,n,d) 设定的终值 n 是取不到值的，所以终值需设置为 x+1。

参考代码：

```
1. from turtle import *
2. x=10+(5-1)*10                      #根据最小圆半径 10、公差 10、圆数量 5，计算最大圆半径 x
3. for radius in range(10,x+1,10):    #for 遍历循环绘制半径按步长值 10 递增的 5 个圆
4.     circle(radius)                 #循环体每执行一遍，绘制一个半径为 radius 的同切圆
5. done()
```

运行结果如图 3-14 所示。

运行程序时发现，在 PyCharm 环境单步执行时观察，每循环一次，循环变量 radius 的值按照 10、20、30、40、50 递增，而绘制出来的圆半径也同步增大。

问题拓展：

(1) 若接收键盘输入圆的数量 num，如何绘制任意多个同切圆？

(2) 若要绘制随机位置的 num 个圆形又该怎么办呢？

【例 3-9】 老农卖西瓜。一位老农推着车卖西瓜。第 1 次卖了全部的一半又 2 个，第 2 次卖了余下的一半又 2 个，第 3 次卖了第 2 次卖后余下的一半又 2 个，第 4 次卖了第 3 次卖后余下的一半又 2 个，这时，全部西瓜刚好卖完。老农车中原来有多少个西瓜？

问题分析：已知第 4 次卖掉西瓜后，剩余西瓜数量为 0。本题可采用逆推法，设西瓜数量 n 初值为 0，第 3 次剩余的西瓜数量是第 4 次剩余的数量加上 2 个西瓜后和的两倍，第 2 次剩余的数量是第 3 次剩余的数量加上 2 个西瓜后和的两倍……以此类推，则可计算得到原来西瓜的总数。

本题无需接收用户输入，变量赋初值 n=0 表示西瓜已卖完，采用 for 遍历循环实现相似的计算过程，共计循环 4 次。为了准确表示是第几次售卖，迭代器 range(m,n,d) 中初值 m 为 4，终值 n 为 0，步长可取值-1，生成递减序列。循环变量 i 依次取迭代器 range(4,0,-1)

的值为 4、3、2、1，循环体语句 n=(n+2)<<1 表示上次的数量是本次剩余数量加 2 个西瓜后和的 2 倍，移位运算符<<用于将数据放大 2^n 倍，此时数据为 1，放大 2^1 即 2 倍。对应的程序流程图如图 3-16 所示。

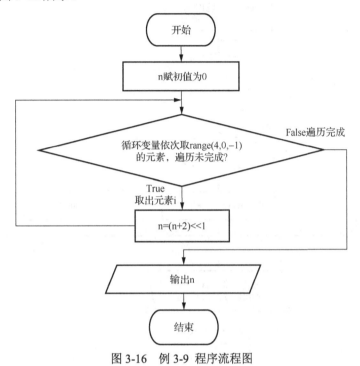

图 3-16　例 3-9　程序流程图

参考代码：

```
1. n=0                      #初值为 0 表示西瓜已卖完
2. for i in range(4,0,-1):   #步长值为-1，循环变量 i 第 1 次循环取值 4，表示第 4 次
3.     n=(n+2)*2             #上次数量是本次剩余数量加 2 后和的两倍
4. print("原来有{}个西瓜".format(n))
```

运行结果：

原来有 60 个西瓜

问题拓展：若把题目修改为每次卖掉余下的一半多半个，还能使用移位运算符<<进行计算吗？应该怎么修改代码呢？

如果需要在循环结构中使用分支结构，有选择地执行语句，请参见下面的示例。

【例 3-10】　求 1～100 中所有的奇数和偶数和分别为多少。

问题分析：本问题无需接收用户输入，可准备 2 个求和变量 odd_sum、even_sum，分别存放奇数和与偶数和，初值均为 0。使用 for 遍历循环 100 次，循环变量 x 依序遍历 1～100 的序列值，迭代器为 range(1,101)；循环体执行时，x 每次依序取出 1～100 中的一个值判断是否为偶数，x 是偶数则把当前 x 累加入 even_sum 变量，否则把 x 累加入 odd_sum 变量。循环结束后输出奇数和 odd_sum、偶数和 even_sum 的值。对应的程序流程图如图 3-17所示。

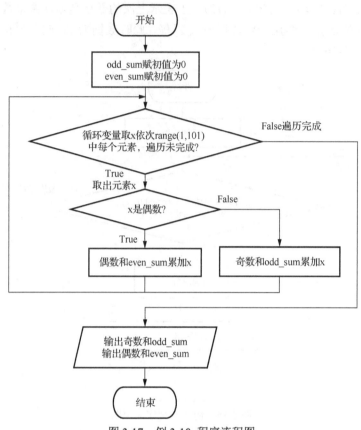

图 3-17 例 3-10 程序流程图

参考代码：

```
1.  #求 1～100 的奇数和与偶数和
2.  odd_sum=0                    #因要累加求和，奇数和变量 odd_sum 赋初值 0
3.  even_sum=0                   #因要累加求和，偶数和变量 even_sum 赋初值 0
4.  for x in range(1,100+1):     #遍历循环 x 取值[1,100]
5.      if x%2==0:               #若 x 为偶数
6.          even_sum=even_sum+x
7.      else:                    #否则 x 为奇数
8.          odd_sum=odd_sum+x
9.  print("1～100 中所有的奇数和：",odd_sum)
10. print("1～100 中所有的偶数和：",even_sum)
```

运行结果：

```
1～100 中所有的奇数和：2500
1～100 中所有的偶数和：2550
```

问题拓展：编写程序计算如下数列算式的值，-1+2-3+…+996，其中，所有数字为整数，从 1 开始递增，奇数为正，偶数为负。

2. 字符串做迭代器

在 Python 语言中，字符串类型是属于组合数据类型中的序列类型，字符串中的每一个字符就是一个元素，它们可被一个个依序取出，所以字符串可以直接放在 for 语句中做迭代器。例如：

```
>>> a="abc123"
>>> for x in a:
        print(x,end=" ")
a b c 1 2 3
```

在上面的遍历循环中，循环变量 x 依次取出字符串变量 a 中各个字符，并执行循环体中的打印输出语句 print，每循环一次，就输出当前的 x 值，末尾添加空格" "，不换行，直到遍历完成为止。

【例 3-11】　恺撒密码。

恺撒密码是古罗马恺撒大帝用来对军事情报进行加解密的算法，它采用了移位替换法，将信息中的每一个英文字符循环替换为字母表序列中该字符后面的第 3 个字符。大写字母表与恺撒密码的对应关系如表 3-6 所示。

表 3-6　恺撒密码对照表

原文	A	B	C	D	E	F	G	H	I	J	K	L	M	N	O	P	Q	R	S	T	U	V	W	X	Y	Z
密文	D	E	F	G	H	I	J	K	L	M	N	O	P	Q	R	S	T	U	V	W	X	Y	Z	A	B	C

用户可输入英文大小写字母 a～z、A～Z 和其他字符，编写一个程序，对输入的英文字母字符串用恺撒密码加密，对其他字符不进行加密处理，直接输出结果。

问题分析：

(1) Python 使用 Unicode 编码对字符进行编码和存储，且字母 A～Z、a～z 的 Unicode 编码逐次递增 1，可使用 chr 函数把 Unicode 编码转换为字符，使用 ord 函数把字符转换为 Unicode 编码。各字母 Unicode 编码及转换对应关系如表 3-7 所示。

表 3-7　大写字母与 Unicode 编码对照表

原文 Unicode 编码	A 65	B 66	C 67	D 68	E 69	F 70	G 71	……	T 84	U 85	V 86	W 87	X 88	Y 89	Z 90
密文 Unicode 编码	D 68	E 69	F 70	G 71	H 72	I 73	J 74	……	W 87	X 88	Y 89	Z 90	A 65	B 66	C 67

查表可知，先把字符 A 转换为 Unicode 编码 65，加 3 后得到 68 再转换为字符 D 即可。

(2) 分析 26 个大写字母循环移位编码的情况。由于字母 A～Z 相对于字母 A 的偏移量为 0～25，要将字母 X(88)对应转换为 A(65)时，发现 88+3=91 超出字母 A～Z 的 Unicode 编码区间范围，所以可以用 91-65 的差对 26 取模得到 0，表示移位到字母表开始的位置，再加 65 后得到 A 的 Unicode 编码，如此便能完成转换。即当原文字符变量 x 为大写字母时，其密文字符 y=chr(65+(ord(x)+3-65)%26)。

(3) 小写字母 a～z 对应的 Unicode 编码为 97～122，用类似的方式对应转换即可。即当原文字符变量 x 为小写字母时，其密文字符 y=chr(97+(ord(x)+3-97)%26)。可分别用 ord("A")和 ord("a")表示字母表第 1 个大写和小写字母的 Unicode 编码。

(4)程序可采用 for 遍历循环结构,使用字符串做迭代器,使用分支结构对字符大小写进行判断,并分别完成加密转换即可。

本问题从控制台输入原字符串 Pstr,存放结果的密文字符串变量 Cstr 赋初值为空串""。for 遍历循环依次取出字符串 Pstr 中的字符 x 进行判断并对字符加密,若 x 为大写字母,其密文字符 y=chr(65+(ord(x)+3-65)%26);若 x 为小写字母,其密文字符 y=chr(97+(ord(x)+3-97)%26),否则 x 为其他字符不加密 y=x,进行下一次循环之前把密文字符 y 累加入 Cstr 进行字符串连接。循环结束后,输出转换后的密文字符串 Cstr。对应的程序流程图如图 3-18 所示。

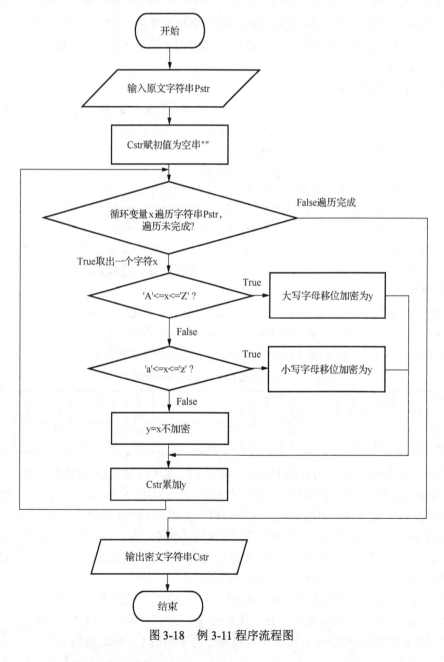

图 3-18　例 3-11 程序流程图

参考代码:

```
1.   #恺撒密码加密
2.   Pstr=input("输入原文字符串：")      #输入字符串 Pstr
3.   Cstr=""                          #待输出的字符串 Cstr 初值为空串
4.   for x in Pstr:                   #字符串做迭代器，循环变量 x 每次获取 Pstr 中的一个字符
5.       if 'A'<=x<='Z':     #若字符 x 是大写字母，必然在 'A'～'Z'之中
6.           y=chr(65+(ord(x)-65+3)%26) #循环移位加密计算 y，+3 右移 3 位
7.       elif 'a'<=x<='z':            #若字符 x 是小写字母，必然在 'a'～'z'之中
8.           y=chr(97+(ord(x)-97+3)%26) #循环移位加密计算 y，+3 右移 3 位
9.       else: y=x                    #否则，若为其他字符，不加密 x 直接赋值给 y
10.      Cstr=Cstr+y                  #每次循环把一个加密字符 y 连接到变量 Cstr 中
11.  print("密文字符串为：",Cstr)        #输出加密后的字符串 Cstr
```

运行结果:

```
输入原文字符串：Python GREAT!
密文字符串为：Sbwkrq JUHDW!
```

问题拓展:

(1)若想对中文加密该如何进行呢？中文基本字符集的 Unicode 编码范围是 0x4E00～0x9FA5。

(2)若想对加密后的密文进行解密该如何设计程序呢？

3. 列表做迭代器

在 Python 语言中，列表类型也属于组合数据类型中的序列类型，详见第 4 章，此处仅需初步了解。列表使用[]做定界符，列表中的各元素用逗号分隔，如["进一","退二","左三","右四"]就是一个列表，包含 4 个字符型元素"进一"、"退二"、"左三"、"右四"，它们依序从左至右按索引号 0、1、2、3 进行索引，所以列表也可以放在 for 语句中做迭代器。例如：

```
>>> for x in ["进一","退二","左三","右四"]:     #总计循环 4 次
        print(x,end=" ")          #循环变量 x 每次按顺序获得列表中的一个元素值
进一 退二 左三 右四
```

4. 字典做迭代器

在 Python 语言中，字典类型属于组合数据类型，详见第 4 章，此处仅需初步了解。字典使用{}做定界符，字典中的元素是以键值对的形式呈现，"键"在前"值"在后，键和值之间用冒号":"分隔，每一组键值对表示字典的一个元素，元素之间用逗号","分隔。如{"top":1, "bottom":2, "left":3, "right":4}就是一个字典，其中每个冒号":"前面的字符串是"键"，冒号":"后面的数值是"值"。字典也可以放在 for 语句中做迭代器。例如：

```
>>> for x in {"top":1,"bottom":2,"left":3,"right":4}:    #总计循环 4 次
        print("x="+x)       #循环变量 x 每次按顺序获得字典中的"键"
x=top
x=bottom
x=left
x=right
```

3.4.2　while 条件循环

for 遍历循环的循环次数具有确定性。但并非所有的循环都能事先得知循环次数，如对多项式求解，要求结果达到某个精度值才停止；或者引用标准库的 turtle 模块绘制星形结构，当海龟回到原点才停止。在循环次数具有不确定性的情况下，需要使用 while 条件循环结构。

在很多科幻题材的电影中，时空与时间在某一时刻不断循环，人们无法逃脱，除非某个条件(契机)到来。无论是在电影《源代码》还是《蝴蝶效应》《罗拉快跑》《明日边缘》中，你都能领略循环的奇妙和困扰。Python 语言也有类似的程序语句能进入或中断循环。当条件为真才进入循环体执行的循环结构称为条件循环，常常用在无法明确知晓循环次数的场合。

1. while 条件循环的语句格式

while 语句使用条件表达式来控制循环，当条件为真时，进入循环体执行，直到条件为假结束循环。while 条件循环控制流程图如图 3-19 所示。其语句格式如下：

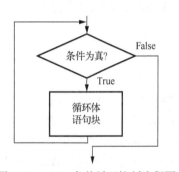

图 3-19　while 条件循环控制流程图

> while 条件表达式:
> 　　循环体语句块
>
> 说明：
>
> (1)执行 while 语句时，先判断条件表达式是否为真，若为真则执行循环体语句块，直到条件表达式为假时，退出循环结构。
>
> (2)若第一次执行 while 语句时条件表达式的值就为假，则循环体语句块一次也不执行。
>
> (3)关键字 while 引导的条件表达式后需紧跟英文半角冒号 ":"。

(4)循环体语句块使用缩进表示被包含关系。

通常能够使用 for 遍历循环结构实现的程序都可以改写为 while 条件循环结构。以下两段代码的功能相同，都能实现输出 10～100、步长为 3 的全部整数。

```
1. #for 遍历循环输出 10～100、步长为 3 的全部整数
2. n=(100-10)//3+1              #计算循环次数 n
3. for x in range(n):          #遍历循环 n 次
4.     print(10+x*3,end=" ")   #循环体语句
```

改为 while 条件循环，输出 10～100、步长为 3 的全部整数。

```
1. n=10                        #n 赋初值 10
2. while n<=100:               #当 n<=100 为真时执行循环体
3.     print(n,end=" ")        #输出当前 n 值
4.     n=n+3                   #循环变量 n 按步长 3 递增
```

两段代码的输出结果都为：

10 13 16 19 22 25 28 31 34 37 40 43 46 49 52 55 58 61 64 67 70 73 76 79 82 85 88 91 94 97 100

观察第 2 段代码，变量 n 是控制 while 循环是否继续或终止的循环变量，执行 while 循环之前循环变量 n 赋初值为 10，循环体语句块中的赋值语句 n=n+3 使得每次执行循环体时 n 按步长值 3 递增，使得 n 最终能大于 100 从而结束循环结构。若缺少"n=n+3"这条语句，将使得 n<=100 的条件一直成立，则循环结构无法终止，将成为"死循环"。

2. while 条件循环的应用

【例 3-12】　无穷级数 $\frac{4}{1}-\frac{4}{3}+\frac{4}{5}-\frac{4}{7}\cdots$ 的和可用于计算圆周率，项数越多精度越高。现要求在π与级数和的误差小于 10^{-7} 时停止计算并输出结果，请设计程序完成。

问题分析：求多项式的和可以使用循环结构来实现，但此时由于级数的项数未知，即在循环次数未知的情况下，可尝试使用 while 循环结构来搭建程序。

观察无穷级数，第 1 项的分母为 1，第 2 项的分母为 3……第 n 项的分母为 2*n-1。再考虑每一项的符号位，即第 n 项的符号为 (-1)**(n+1)，由此可推算级数的通项表达式。

本问题需对级数和变量 PI 赋初值 0，对表示第 n 项的变量 n 赋初值 1，while 循环的条件为真时，即当π与当前级数和 PI 的差的绝对值>= 10^{-7}（科学计数法表示为 1e-7）

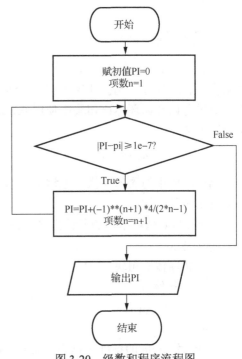

图 3-20　级数和程序流程图

时进行循环，其中π值可引用标准库 math 模块的 pi 符号常量获取，循环体语句块使用级数的通项表达式 (-1)**(n+1)*4/(2*n-1) 累加求级数和 PI，且项数 n 递增 1，循环结束后输出当前的级数和 PI。对应的程序流程图如图 3-20 所示。

参考代码：

```
1. import math              #引用 math 模块
2. PI=0                     #此时的 PI 是自定义的变量，并非符号常量 pi
3. n=1                      #项数变量赋初值 1
4. while abs(PI-math.pi)>=1e-7:   #若误差>=1e-7 就执行循环体，反之则退出循环
5.     PI=PI+(-1)**(n+1)*4/(2*n-1)  #累加求级数和 PI
6.     n=n+1                #项数 n 递增 1，为下一次 while 循环做准备
7. print("PI=",PI)          #输出级数和
```

运行结果：

```
PI=3.1415927535897814
```

问题拓展：若使用 import time 语句引用标准库的 time 模块，可使用 time 函数在循环开始前先记录当时的时间 t1=time.time()，在循环结束后再次记录时间 t2=time.time()，print(t2-t1) 可得到相隔的秒数。我们发现，当精度达到小数位数后 7 位时，需要计算 5.18s 才能得到结果。如果继续增加精度要求，所需的时间更长。历史上数学家们经过了诸多尝试，提出了多种圆周率的计算方法，如无穷级数型、包含积分型、包含连分数型、蒙特卡洛方法……其中的拉马努金圆周率公式，每计算一项可以得到 14 个有效数字，这是已知的最快的计算圆周率的公式之一。

3.4.3 循环的中断和继续

不论是 for 循环还是 while 循环结构，都是通过头部控制循环的执行，一旦进入循环体就会完整地执行一遍循环体语句块，然后再重复。但有时不得不中断循环以减少循环次数，这时可以在循环体语句块中使用 break 语句来中断循环，或采用 continue 语句来继续下一次循环。

1. break 循环的中断

当循环体中的语句在执行过程中，达到了退出循环的条件时，可以使用 break 语句中断并跳出循环结构。

当把 while 循环结构的条件直接设置为 True 时称为永真循环，语句格式如下：

while True:

    循环体语句块

    if 条件：

        break

说明：

(1) 此时 while 的条件永远为逻辑真，所以循环体中必须使用分支结构及 break 语句中断循环，否则将成为"死循环"。

(2) 当程序进入"死循环"时，在 Python shell 下可使用 Ctrl+C 快捷键来退出死循环，在 PyCharm 环境中可单击红色方块"停止"按钮■来结束程序执行。

请参考下面的示例，理解 break 语句的功能。

【例 3-13】 无穷级数求圆周率的一种变化。

问题分析：在进行循环求级数和时，可将 while 语句的条件修改为 True，在循环体中使用分支结构判断是否达到精度要求，若是则使用 break 语句强制中断循环。若没有 break 语句，则 while True 是个永真循环，无法在条件成立时中断循环结构，程序将成为"死循环"。

参考代码：

```
1. import math
2. PI=0                          #此时的 PI 是自定义的变量，并非符号常量 pi
3. n=1                           #项数变量赋初值 1
```

```
4.  while True:           #永真循环，条件永远为真
5.      PI=PI+(-1)**(n+1)*4/(2*n-1)  #求级数和 PI
6.      if abs(PI-math.pi)<1e-7:   #若达到精度要求就中断 while 循环
7.          break          #中断循环，跳转至第 9 行 print 输出 PI 值
8.      n=n+1             #项数 n 递增 1，为下一次 while 循环做准备
9.  print("PI=",PI)        #输出
```

运行结果：

```
PI=3.1415927535897814
```

问题拓展：牛顿迭代法求某数的平方根的基本求解方法为，若需要求 x 的平方根 y，先给变量 y 赋初值为 1.0，在 while 永真循环结构中使用公式 y=(y+x/y)/2 迭代求精，直到精度小于 1e-7 则中断循环，打印输出求得的 y 值。请使用 while 永真循环及 break 语句实现牛顿迭代法求某数的平方根。

2. continue 继续循环

如果需要在循环体中跳过一些语句继续进入下一次循环，可以使用 continue 语句实现此功能。请阅读下面这个示例，观察输出结果并思考代码功能。

【例 3-14】 输出列表中的所有非负数。

问题分析：本问题可使用 for 循环遍历列表，在发现当前循环变量的值小于 0 时，使用 continue 语句跳转至 for 循环头语句，继续下一次循环，而不输出当前的负数。

参考代码：

```
1. Seq=[2,-4,5,-3,9,-7,-8,12]  #定义一个列表 Seq，包含多个数值元素
2. for x in Seq:              #遍历循环，变量 x 依次取出列表中的一个数值
3.     if x<0:                #若 x 为负数
4.         continue           #则跳出本次循环，跳至第 2 行继续下一次循环，而不输出 x
5.     print(x,end=" ")       #打印输出当前的非负数 x
```

运行结果：

```
2 5 9 12
```

用 PyCharm 加断点单步调试此程序，发现当 x<0 条件为真时，continue 语句执行后，将跳转到 "for x in Seq:" 语句执行下一次的循环，而没有机会执行 print 语句打印 x 值。当 x<0 为假时，立即执行 print(x,end=" ") 打印输出当前的 x 值。

问题拓展：请使用 for 循环遍历和 continue 语句实现输出列表[2.3,1.52,2,6.0,3.4,0,-3]中的所有浮点数。

下面这个示例使用 continue 来去掉字符串中的空格字符。

【例 3-15】 去字符串空格。

问题分析：本问题可使用 for 循环遍历字符串，发现当前循环变量的值等于空格字符，则使用 continue 跳转至 for 循环头语句，继续下一次循环，而不输出当前的空格。

参考代码：

```
1. S='Python is great.' #字符串变量 S 赋初值
```

```
2. P=""                      #存放结果的字符变量 P 赋初值为空串
3. for letter in S:          #循环遍历，字符变量 S 为迭代器，依次取出字符赋值给 letter
4.     if letter==" ":       #如果当前字符为空格
5.         continue          #则结束本次循环，跳转至第 3 行继续下一次循环
6.     P=P+letter            #把非空格的当前字符连接到变量 P
7. print("去掉空格后的字符串："+P)        #输出字符串 P
```

运行结果：

```
去掉空格后的字符串：Pythonisgreat.
```

问题拓展：使用 for 循环遍历和 continue 语句实现打印输出序列 1～20 中不是 3 的倍数的数。

注意：在多重循环嵌套结构中，break 或 continue 只能中断或继续所在的这一层循环。后面的小节中还会用到 break 及 continue。

3.4.4　else 与循环结构

在分支结构中经常能看到 else 的身影，它往往放在 if 语句的末尾，表示当所有条件都不成立时，应该执行的语句分支。在循环结构中，无论是 for 语句还是 while 语句都能与 else 搭档，但 else 的功能含义发生变化，它表示如果循环不执行或能正常执行完毕，而非中途 break 中断循环，那么就执行 else 下面的语句。

1. for 与 else

当且仅当遍历循环一次都不执行或循环遍历了所有迭代器的值，正常结束循环时，才能执行 else 下面的语句。请观察以下两段代码并思考导致运行结果不同的原因。

```
1. for x in range(1,10,2):
2.     print(x,end=" ")
3. else:
4.     print("循环正常结束")
5. #运行结果为：1 3 5 7 9 循环正常结束
```

第 1 段程序在遍历循环完成后，直接执行"else:"后的语句。

```
1. for x in range(2,10,2):
2.     print(x,end=" ")
3.     break      #循环第一次就中断
4. else:
5.     print("无论我说什么都不会打印显示出来")
6. #运行结果为：2
```

第 2 段程序由于使用了 break 语句使得循环结构执行一次就中断了。通过单步调试程序能观察到，break 执行后程序直接结束运行，不会执行"else:"后的语句。

【例 3-16】 判断任意一个大于 2 的正整数是否为素数。

问题分析：判断 n 是否为素数的数学方法是，用 n 依次除以 $2\sim\sqrt{n}$ 或 $2\sim n/2$ 或 $2\sim n-1$ 的全部整数。很显然除数取值 $2\sim\sqrt{n}$ 循环次数最少，如果都除不尽，则 n 是素数，否

则 n 不是素数。此题可以使用 for 循环结构进行遍历，还可搭配 else 语句，若能正常结束循环，则 n 必为素数，若中途就 break 中断退出循环，则 n 必为非素数。

本例需要输入整数 n，采用 for 遍历循环，变量 $i \in \left[2, \sqrt{n}\right]$，若 n%i==0 则输出 n 不是素数，否则输出 n 是素数。

参考代码：

```
1. import math
2. n=int(input("输入一个大于 2 的正整数："))           #输入整数 n
3. for i in range(2,int(math.sqrt(n))+1):            #遍历循环迭代器终值为[√n]+1
4.     if n % i==0:                                  #如果 n 整除 i，则 n 不是素数
5.         print('不是素数')
6.         break  #中断 for 遍历循环，跳转至第 8 行语句之后结束整个程序
7. else:                #若 for 循环不执行或完成遍历，说明所有的 i 都未被整除，则 n 是素数
8.     print("是素数")
```

注意：这里 else 没有缩进，说明 else 不属于 if 分支结构，而属于 for 遍历循环结构。且当输入的 n 值为 3 时，for 循环的迭代器终值为 2，循环将一次都不执行，此时会转而执行 "else:" 下的语句 print("是素数")。

运行结果 1：

```
输入一个大于 2 的正整数：9
不是素数
```

运行结果 2：

```
输入一个大于 2 的正整数：17
是素数
```

问题拓展：判断某数是否为素数的程序应用非常广泛，数学上与素数有关的概念还有反素数、梅森素数、孪生素数、三胞胎素数等，还可以使用计算机验证哥德巴赫猜想及黎曼猜想，快去试试吧！

2. while 与 else

与 for…else 结构相同的是，当且仅当 while 循环一次都不执行，或循环正常结束，才能执行 else 下的语句。

若要编写一个计算 n! 的程序，请参考以下代码，并理解两个 else 的不同功能。为了提高程序的健壮性，以应对用户的各种输入，当输入有效时再进行计算，而输入数据无效时，则给出相应提示。我们使用分支结构进行判断。

【例 3-17】 编程实现求 n!。

求 n! 当然可以使用 math 模块的 factorial 函数来实现，但该函数只能接收整型数据，当用户输入浮点数时程序会终止执行并返回 Traceback 异常，当 n 值太大时会反馈溢出错误。因此，我们尝试编写一个程序，可以针对用户输入不同类型和长度的数据，输出相应的 n! 值及提示信息。

问题分析：本问题由用户输入整数或浮点数，用分支结构对输入数据进行判断，若输入正整数，则计算 n!；若输入 n 值太大，n!超过 10^{12} 则输出"数据太大啦!"；若输入非正整数，则输出"输入了非正整数"。采用循环结构来计算 n!，进入循环之前给积变量 s 赋初值 1，每循环一次把从 1 开始逐渐增大的 x 变量与 s 相乘，循环 n 次后打印输出 n!。

参考代码：

```
1.   import math                    #引用 math 模块
2.   n=eval(input("请输入一个正整数: "))
3.   #在 if 分支结构中，当用户输入了正整数时进行计算并输出 n!
4.   if n>0 and math.trunc(n)==n:   #math 模块的 trunc 函数用于取出参数的整数部分
5.       s=1                        #积变量 s 赋初值 1
6.       x=1                        #循环变量赋初值 1
7.       while x<=n:                #当循环变量 x<=n 时
8.           s=s*x                  #积变量 s 累乘 x 值
9.           x=x+1                  #循环变量 x 递增 1
10.          if s>1e12:             #如果积超过了 10¹²，这里 1e12 使用了科学计数法
11.              print("数据太大啦! ")  #输出数据太大的提示
12.              break              #中断循环后就结束整个程序了
13.      else:                      #while 循环正常结束后，打印 n!
14.          print(str(n)+"!="+str(s))  #当用户输入了有效数据并正常完成循环才打印
15.  else:                          #若输入的数据不是正整数，输出数据有误的提示
16.      print("输入了非正整数")
```

运行结果 1：

```
请输入一个正整数: 3.4
输入了非正整数
```

运行结果 2：

```
请输入一个正整数: 5
5!=120
```

运行结果 3：

```
请输入一个正整数: 12334556
数据太大啦!
```

注意：程序中的第 1 个"else："是在 while 正常循环结束后才执行 print()语句打印输出 n!的值，当数据太大而中途 break 循环结构时，是不会执行 while…else 后打印 n!值的语句的。

而第 2 个"else："表示分支结构 if…else 的条件判断语句，当用户输入了非正整数的值时，会执行 print("输入了非正整数")语句。

问题拓展：上面的程序无法处理在输入时用户输入非数字字符的情况，解决的方案请参考 3.5 节。

3.4.5　循环的嵌套

例 3-8 引用 turtle 模块绘制结构相似半径不同的多个同切圆时，采用了循环结构。事实上，如果你想使得当前的 5 个同切圆图形成为更宏大图形的一个可重复的子图形时，可再次使用循环结构进行嵌套。请先阅读例 3-18，运行后观察结果。

【例 3-18】 组合同切圆图形。

问题分析： 若把例 3-8 产生 5 个同切圆的代码放入一个循环结构中做循环体，就能重复多次输出这一组 5 个同切圆，构造更为复杂的组合同切圆图形。

参考代码：

```
1. from turtle import *      #引用 turtle 模块
2. for x in range(4):        #外循环 4 次，每次产生 1/4 大圆的弧线段及一组 5 个小同切圆
3.     circle(100,90)        #绘制半径为 100 的 1/4 个圆弧线段
4.     #内循环 5 次绘制一组 5 个小同切圆，半径按 10 递增
5.     for radius in range(10,50+1,10):
6.         circle(radius) #每次内循环绘制一个半径为 radius 的同切圆
7. done()
```

运行结果如图 3-21 所示。

在例 3-18 中使用了嵌套的循环结构。注意第 5 行 for 语句的缩进。在一个循环体中又包含一个完整的循环结构，称为循环的嵌套。语句格式有如下 4 种。

格式 1：

　　for <循环变量 1> in <迭代器>:
　　　　语句块 1
　　　　for <循环变量 2> in <迭代器>:
　　　　　　内循环体语句块 2

格式 2：

　　while 条件表达式:
　　　　语句块 1
　　　　while 条件表达式:
　　　　　　内循环体语句块 2

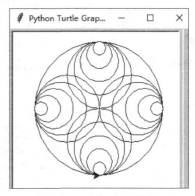

图 3-21　组合同切圆图形

格式 3：

　　while 条件表达式:
　　　　语句块 1
　　　　for <循环变量> in <迭代器>:
　　　　　　内循环体语句块 2

格式 4：

　　for <循环变量 1> in <迭代器>:
　　　　语句块 1
　　　　while 条件表达式:
　　　　　　内循环体语句块 2

说明：在循环的嵌套结构中，每当外循环执行一次，内循环将执行一轮。内循环的语句块中还可以继续包含下层循环结构，形成多重循环结构，并且 for 循环和 while 循环结构可相互嵌套。

【例 3-19】 打印输出如图 3-22 所示的九九乘法表。

```
1
2   4
3   6   9
4   8   12  16
5   10  15  20  25
6   12  18  24  30  36
7   14  21  28  35  42  49
8   16  24  32  40  48  56  64
9   18  27  36  45  54  63  72  81
```

图 3-22　九九乘法表

问题分析：本例可使用遍历循环来控制输出 9 行数据，并嵌套内层循环来输出每行数量递增的积。当外循环变量 n 为 1 时，内循环 1 次，变量 m 取值 1；当外循环变量 n 为 2 时，内循环 2 次，变量 m 取值 1、2；当 n 为 3 时，内循环 3 次，m 取值 1、2、3；以此类推，当外循环变量为 n 时，内循环 n 次，变量 m 取值 1、2、3、…、n，每次内循环不换行输出当前的 n*m 的积，内循环结束后回车换行。

参考代码：

```python
1. for n in range(1,10):        #外循环 9 次，变量 n 取值 1~9
2.     for m in range(1,n+1):   #内循环变量 m 取值 1~n
3.         print("{:<3}".format(n*m),end="")  #不换行输出 n*m，占 3 位，左对齐
4.     print()                  #输出当前行的积后回车换行，为下一次外循环做准备
```

运行结果如图 3-22 所示。

问题拓展：打印输出杨辉三角形。

【例 3-20】 输出 1~100 的所有素数。

问题分析：将之前求某数是否是素数的代码稍加改进便能实现输出 1~100 的所有素数的功能。只需嵌套一层循环结构，无需由用户输入 x 值来测试，由遍历循环结构自动对循环变量 x 依序取出[1,100]的值，进行判断。

参考代码：

```python
1. #求 1~100 的素数
2. import math
3. for x in range(1,101):   #外循环变量 x 遍历取值[1,100]，判断每一个 x 是否是素数
4.     for i in range(2,int(math.sqrt(x))+1):
                             #内循环变量 i 取值[2,⌊√n⌋]，作为除数
5.         if x % i==0:      #如果 x 整除 i 则 x 不是素数
6.             break  #中断 for i 内循环，将继续遍历外循环，验证下一个 x 是否是素数
7.     else:                 #若 for i 循环正常执行完毕，说明所有的 i 都未被整除，则 x 是素数
8.         print(x,end=" ")  #输出当前的素数 x
```

注意：在多重循环嵌套结构中，break 或 continue 只能中断或继续所在的这一层循环。故例 3-20 的 break 只能中断 "for i in range():" 循环，而不能中断 "for x in range(1,101):" 循环结构。

运行结果：

```
1 2 3 5 7 11 13 17 19 23 29 31 37 41 43 47 53 59 61 67 71 73 79 83 89 97
```

问题拓展：验证哥德巴赫猜想偶数部分，任何大于 6 的偶数可以写成两个素数之和。

【例 3-21】　模拟系统登录。

编写模拟系统登录程序，实现以下功能：设登录用户名为"admin"，密码为"6666"，当用户输入正确用户名和密码时，输出"开始登录"，并开始显示加载进度条，最后输出"加载完毕"的提示并输出当前时间；否则，若用户名或密码错误，则要求用户继续输入用户名密码，直到用户输入"no"结束程序。

问题分析：若需要显示日期时间或进行计时，可引用标准库 time 模块的 sleep 函数在加载进度条时让循环暂停 0.5s 再继续进行。也可用 time 模块中的 ctime 函数显示当前系统时间，显示为英文格式的星期、月、日、时间、年，如 Sat Mar 27 16:06:54 2021。

本例需要由用户输入用户名和密码，采用 while 永真循环，多次接收用户输入，直到用户成功登录或输入"no"为止，中断并退出循环。在循环体中，当用户输入正确的用户名和密码时执行登录语句块，其功能为：循环 10 次，用回车符"\r"清除前一次显示的进度条字符，每次循环暂停 0.5s，模拟加载进度条的过程，输出"加载完毕，进入系统"的提示，并在输出当前时间后中断循环，结束程序。

参考代码：

```
1.   import time   #引用标准库 time 模块
2.   while True:   #外循环是永真循环，允许用户一直尝试输入登录信息，需使用 break 中
                     断循环
3.       name=input("请输入用户名:")
4.       code=input("请输入登录密码:")
5.       if name=="admin" and code=="6666":     #若用户名密码正确
6.           for x in range(10):                 #内循环 10 次用于显示进度条
7.               print("\r["+"*"*x+"->]",end="")
                                                 #进度条由"["+若干*号+"->]"构成
8.               time.sleep(0.5)                 #每次循环暂停 0.5s
9.           print("加载完毕,进入系统")
10.          print("当前时间为:"+time.ctime())
11.          break                               #中断外循环，结束整个程序
12.      else:                                   #若用户名密码错误
13.          print("用户名或密码错误!")
14.          jixu=input("还继续尝试登录吗(yes/no)?")
15.          if jixu=="no":                      #若输入了"no"则退出登录，并中断循环
16.              break                           #中断外循环，结束整个程序
```

注意：由于使用了"\r"回车符，Python IDLE 屏蔽了其功能，此题需要在 PyCharm 环境下观察运行结果。

运行结果 1：

```
请输入用户名:admin
请输入登录密码:6666
[*********->]加载完毕,进入系统
当前时间为:Thu Mar 25 08:02:24 2021
```

运行结果 2：

```
请输入用户名:me
```

```
请输入登录密码:888
用户名或密码错误!
还继续尝试登录吗(yes/no)?no
```

问题拓展：请编写一个用户登录程序，若输入的用户名和密码都正确，输出"登录成功"，否则要求用户重新输入用户名和密码，3 次输入错误则结束程序。

3.4.6　随机数在循环结构中的应用

现实生活中，随机数被大量应用，如彩票、博弈、随机生成中奖号码等。随机验证码可有效地防范网络风暴及盗号木马等；在生产中使用随机抽样进行产品的检测，可提高效率。在信息通信中常常用随机数发生器来仿真类似于噪声信号的效果，以及在物理世界中遇到的其他随机现象。随机数有真随机数、准随机数和伪随机数 3 种，这一节讨论的主要是用数学方法产生的伪随机数，因为如果该方法已知，则随机数构成的集合就会有重复数据。常用方法有斐波那契法、线性同余法等。随机数还可应用在仿真系统中，当需要生成各种分布的伪随机数以满足各种工程应用时，Python 内置的 random 模块可派上用场。random 模块产生的随机数之所以称为伪随机数，因其是可被操控的，不能应用于安全加密。如果需要的是一个真正的密码安全随机数，可以使用 os.urandom 函数或者 random 模块中的 SystemRandom 类来实现。

下面几个示例展示了随机数与循环结构相结合的应用。

【例 3-22】　生成 3 组 4 位小写字母的随机验证码。

问题分析：无需用户输入数据，给字符串 s 赋初值为 a~z 的小写字母，采用双循环结构，外循环 3 次，用于生成 3 组验证码；内循环 4 次，每循环一次随机得到字符串 s 中的一位小写字母，共计 4 位字母验证码。可引用 random 模块中的 randint 函数生成 0~25 的随机索引号，通过该索引号对字符串 s 索引产生一个随机字母，也可以直接使用 random 模块中的 choice 函数产生一个随机字母。

参考代码 1：

```
1. #使用 randint()生成随机索引号，对字符串索引
2. from random import *
3. s="abcdefghijklmnopqrstuvwxyz"
4. for y in range(3):        #外循环 3 次，生成 3 组验证码
5.     str1=""               #字符变量 str1 赋初值为空串
6.     for x in range(4):    #内循环 4 次，每次得到一个字母，构成 4 个字母的一组验证码
7.         num=randint(0,25) #生成[0,25]的随机整数索引号
8.         str1+=s[num]      #对字符串 s 索引取出一个字母并连接到 str1
9.     print(str1)           #外循环中打印输出一组验证码
```

运行结果：

```
fkpc
zubo
lxss
```

另外，此例还可以使用 choice 函数来实现生成一个随机字母。

参考代码 2：

```
1. #使用choice()在字符串中随机选择字母
2. rom random import *
3. s="abcdefghijklmnopqrstuvwxyz"
4. for y in range(3):        #外循环3次，生成3组验证码
5.     str1=""               #字符变量赋初值为空串
6.     for x in range(4):    #内循环4次，每次得到一个字母，构成4个字母的一组验证码
7.         str1+=choice(s)   #在字符串变量s中随机取出一个字母并连接到str1
8.     print(str1)           #外循环中打印输出一组验证码
```

运行结果：

```
catr
hfas
cffk
```

问题拓展：常见的验证码、取件码中还包括数字、大小写字母。试设计一个生成 6 位快递取件码的程序。

【例 3-23】　幸运 7 游戏。

赌场中有一种"幸运 7"游戏，规则是玩家掷两枚骰子，如果其点数和为 7，玩家就赢 4 元；否则，玩家就输 1 元。请分析一下玩家的赢率。

问题分析：令事件 A 表示"和为 7"这一结果，按照古典概率公式计算，点数和的种类为 $m(b)=C(6,1)\times C(6,1)=6\times 6=36$ 种，其中和为 7 的情况分别是 (1,6)、(2,5)、(3,4)、(4,3)、(5,2)、(6,1)。当和为 7 时，第 1 个骰子的点数就决定了第 2 个骰子的点数，所以共计 $m(a)=C(6,1)=6$ 种，则和为 7 的概率为 $P(A)=m(a)/m(b)=6/36=0.167$。

使用计算机模拟掷骰子的过程，测算两个骰子点数之和为 7 的概率。分别使用两个变量 num1 和 num2 来接收 [1,6] 的随机整数值，求和后判断是否为 7。若等于 7 则记录下来，给计数器变量 count 增 1，总计循环 10000 次，模拟投掷 10000 次的行为，看 count/10000 的比值。可以再增加一层外循环，循环 10 次，观察比值的区间范围。

参考代码：

```
1. from random import *
2. for x in range(10):            #外循环10次，总计输出10个比值
3.     count=0                    #计数器变量count进入循环前赋初值0
4.     for i in range(10000):     #遍历循环10000次
5.         num1=randint(1,6)      #给num1、num2赋随机整数值[1,6]
6.         num2=randint(1,6)
7.         if num1+num2==7:       #若两者和为7
8.             count=count+1      #计数器增1
9.     print(count/10000,end="  ") #输出一个比值
```

运行结果：

```
  0.1601  0.1663  0.1631  0.1666  0.1706  0.1756  0.1714  0.1654  0.168
0.1659
```

问题拓展：请设计一个程序，验证 10000 个 3 位随机正整数中，数字 8 出现的概率。

【例 3-24】　　幸运 7 游戏进阶。假设玩家刚开始有 10 元，当全部输掉时游戏结束。设计程序来模拟一下玩家参与游戏的过程。

问题分析：设 money 变量初值为 10，并赋值给 max 变量记录。当 money>0 时进入 while 循环；当两次取[1,6]的随机值之和等于 7 时，money 增加 4 元，若该值超过最大值 max 就记录下来；否则 money 减去 1 元，输出当前 money 值后进行下一次循环，直到 money<=0 退出循环，输出最大值 max。

参考代码：

```
1.   from random import *
2.   money=10                        #玩家初始有 10 元
3.   max=money                       #max 变量用于记录金额最大值，初值为 10 元
4.   while money>0:                  #循环次数未知，当有钱时参与游戏进入循环
5.       num1=randint(1,6)          #给 num1、num2 赋随机整数值[1,6]
6.       num2=randint(1,6)
7.       if num1+num2==7:           #若两者和为 7
8.           money=money+4          #money 增加 4 元
9.           if money>max:
10.              max=money          #max 记录 money 最多时的金额
11.      else:                      #若两者和不为 7
12.          money=money-1          #money 减去 1 元
13.      print(money,end=" ")       #输出当前的 money 值
14.  print("\nmax=",max)           #输出最大的 money 金额
```

运行结果 1：

```
9 13 12 16 15 14 13 12 11 10 9 8 7 6 5 4 3 2 1 0
max=16
```

运行结果 2：

```
9 8 7 6 5 4 3 7 6 5 4 3 2 1 0
max=10
```

游戏规定，赢了得 4 元，输了赔 1 元。在赢率只有 17%左右的情况下，最终输钱的概率很大。所以，不要高估自己的幸运值及对贪欲的控制力。另外，random 模块中的 seed 函数可以通过指定种子参数，生成固定的随机值序列，如果在例 3-24 中添加 seed(5)语句，无论程序执行多少次都将输出 9 8 7 6 5 4 3 2 1 0 及 max=10 的结果，所以事实上由程序编写的各种博弈游戏均可被人为操控。此外，用 seed 函数产生的固定随机值序列有利于在进行各种程序测试时进行数据对比，所以它的应用非常广泛。

问题拓展：请编写一个博弈类小游戏。

3.4.7　使用多种程序控制结构

在实际的问题求解过程中，我们会采用多种算法策略，选用多种程序控制结构来构建程序模块，最终的目标是分析、归纳和总结，寻找同类问题的最优解。下面的示例，将采用多种程序控制结构和算法来求解。

【例 3-25】　求 a 和 b 的最大公约数。

问题分析： 使用枚举法进行遍历循环(枚举法请参见附录 B.1)，先判断 a 和 b 谁的值比较小，将该值赋值给变量 min_ab，循环变量 i 取值 1,2,3,…,min_ab，用 a 和 b 分别除以循环变量 i，循环终止前最后能被 a 和 b 整除的那个数就是最大公约数。

参考代码 1：

```
1. a=int(input("输入数值a: "))
2. b=int(input("输入数值b: "))
3. min_ab=a if a<b else b          #找出两个数中较小的数赋值给min_ab
4. for i in range(1,min_ab+1):     #循环变量i取值区间为[1,min_ab]，步长默认为1
5.     if a%i==0 and b%i==0:       #若a和b能整除相同的一个数，该数必为公约数
6.         gys=i
7. print("{}和{}的最大公约数为: {}".format(a,b,gys))
```

运行结果：

```
输入数值a：8
输入数值b：12
8和12的最大公约数为: 4
```

本例题还可以从 a 和 b 间比较小的那个数 min_ab 开始除，除数逐渐递减，第一个被 a 和 b 整除的除数就是最大公约数。

参考代码 2：

```
1. a=int(input("输入数值a: "))
2. b=int(input("输入数值b: "))
3. min_ab=a if a<b else b          #找出两个数中较小的数值值给min_ab
4. for i in range(min_ab,0,-1):    #循环变量i取值区间为[min_ab,1]，步长为-1
5.     if a%i==0 and b%i==0:       #a和b能整除相同的第一个数，必为最大公约数
6.         gys=i
7.         print("{}和{}的最大公约数为: {}".format(a,b,gys))
8.         break    #已经找到最大公约数，所以中断循环，否则会继续遍历所有的i
```

可以看出，以上两种方法所需循环次数很多，且比较费时。

本例题可采用短除法的方式，寻找到两数的公约数，每找到一个就相乘，所有公约数的积则为最大公约数。这里需要使用循环嵌套。

参考代码 3：

```
1. #短除法
2. a=int(input("输入数值a: "))
3. b=int(input("输入数值b: "))
4. gys=1                           #给积变量gys赋初值1
5. for x in range(2,a+1):          #循环变量x取值[2,a]，x将作为除数
6.     while a%x==0 and b%x==0:    #若找到公约数x，就进入内循环执行
7.         gys=gys*x               #所有公约数的积则为最大公约数
8.         a=a//x                  #被除数a除以公约数，为下次内循环做准备
9.         b=b//x                  #被除数b除以公约数，为下次内循环做准备
10. print("{}和{}的最大公约数为: {}".format(a,b,gys))
```

这种方法采用的程序控制结构较为复杂，语句行数达到 10 行。

本例题还可采用辗转相除法，又名欧几里得算法求最大公约数。两个正整数 a 和 b(a>b)，它们的最大公约数等于 a 除以 b 的余数 c 与 b 之间的最大公约数，即用较大数除以较小数，再用出现的余数(第 1 余数)去除除数，再用出现的余数(第 2 余数)去除第 1 余数，如此反复，直到最后余数为 0 时停止。那么最后的除数就是这两个数的最大公约数。

参考代码 4：

```
1. #辗转相除法
2. a=int(input("输入数值 a: "))
3. b=int(input("输入数值 b: "))
4. while b>0:                #当 b>0 时执行循环体，最后 b==0 时退出循环
5.     a,b=b,a%b             #解包赋值 a=b(除数赋值给 a)，b=a%b (余数赋值给 b)
6. print("最大公约数为：{}".format(a))  #最后变量 a 即为最大公约数
```

采用这种方法循环次数较少，语句行较短。

在 Python 中，还可直接调用 math 模块中的函数 gcd，采用顺序结构求解。

参考代码 5：

```
1. #gcd 函数
2. from math import gcd    #引用 math 模块的 gcd 函数
3. a=int(input("输入数值 a: "))
4. b=int(input("输入数值 b: "))
5. gys=gcd(a,b)
6. print("{}和{}的最大公约数为：{}".format(a,b,gys))
```

这种方法采用的程序控制结构简单，语句行较短。

上述示例说明，已知的多种控制结构均能达成各种语句功能，我们可以灵活选用 3 种控制结构来搭建程序，找到最为简洁而快速的问题求解方法。与此同时，读者应该明白 Python 语言最大的优势是开源，现有的大量第三方库和标准库将帮助用户解决看起来棘手的问题，用户完全可以安装、引用合适的模块，去繁就简地迅速解决问题。

问题拓展：

(1)求两数的最小公倍数。

(2)使用多种循环结构实现输出 10～100、步长为 3 的全部整数。

(3)使用多种策略求 10 的阶乘。

3.5 异 常 处 理

Python 语言使用被称为"异常"的特殊对象来管理程序执行期间发生的错误。每当发生让 Python 不知所措的错误时，它都会创建一个 Traceback 异常对象，并立即终止程序的执行，这样将使得程序无法继续正常运行。如果你未对异常进行处理，程序将立即停止，并反馈一个异常信息，包含了有关异常的报告；如果编写了处理该异常的代码，程序将得以继续运行。

用户可以使用 try…except 语句块来处理异常，try…except 使得 Python 执行指定的操作，避免程序停止运行，同时告诉 Python 发生异常时该怎么处理。

3.5.1　异常的类型及其处理

当用户执行程序或与程序进行交互时，有可能会引发异常，如需要输入数字时用户输入了其他字符，或不能输入 0 时用户恰恰输入了 0，这时程序将会被强制终止执行并反馈一系列的异常报告。那么如何防止程序突然终止执行并出现 Traceback 异常反馈呢？为了应对各种异常，Python 使用 try…except 语句块来处理异常，使得程序能继续执行相应语句块，以便给出用户提示。其语句格式如下：

```
try:
    <语句块 1>
except   <异常类型>:
    <语句块 2>
```

说明：

(1)Python 解释器首先执行 try 语句下的语句块 1，若语句块 1 顺利执行，则无需执行 except 语句及其后的语句块 2。若语句块 1 执行时出现可捕获的异常类型，就立刻跳转至 except 语句执行语句块 2，避免程序被终止执行。

(2)若 except 缺省异常类型说明，则可捕获所有类型的异常。

下面来了解几种常见的异常类型，并学习如何处理各类型异常。

1. ZeroDivisionError 类异常及其处理

首先我们来观察一种引发异常报错的简单情况。下列语句接收控制台输入的整数 n，计算 5/n 后输出。

```
1. n=int(input())
2. print(5/n)
```

当用户输入 "0" 时，Python 解释器返回的异常信息如图 3-23 所示。其中的注释具体说明了这个异常信息中各部分的含义。

ZeroDivisionError 是一个异常对象，当 Python 无法正常执行程序时，就会创建这个对象，这时 Python 将终止运行程序，指出引发了除数为 0 异常，反馈当前除数为 0。

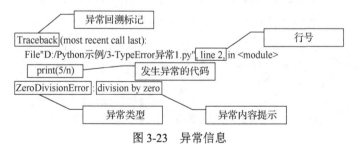

图 3-23　异常信息

使用 try…except 语句块来捕捉 ZeroDivisionError 异常并做相应处理。

```
1. try:                          #执行 try 下的语句块
```

```
2.     n=int(input())
3.     print(5/n)
4. except ZeroDivisionError:      #捕捉 try 下的语句块引发的除数为 0 的错误类异常
5.     print("除数不能为 0")       #处理异常，输出提示信息
```

运行结果：

```
0
除数不能为 0
```

当用户输入 0 值时，print(5/n)产生了 ZeroDivisionError 异常，此时立刻跳转至 except ZeroDivisionError 执行，程序输出"除数不能为 0"的提示文本，而非强制终止程序执行，出现 Traceback 的异常提示。

2. NameError 类异常及其处理

在下面的语句中，用户输入数字字符时，程序把该数字+3 后的 Unicode 编码转化为字符输出。

```
1. num=eval(input("请输入一个正整数："))
2. print(chr(num+3))
```

运行结果：

```
请输入一个正整数：123
~
```

但当用户输入了其他字符串时，例如 x123，会引发 NameError 异常。

```
请输入一个正整数：x123
Traceback (most recent call last):
    File " D:/ Python 示例 /3-TypeError 异常 2.py ",line 1,in <module>
        num=eval(input("请输入一个正整数："))
    File "<string>",line 1,in <module>
NameError: name 'x123' is not defined
```

Python 会反馈一个 NameError 名称异常，提示名称 'x123'未经定义。

我们可以使用 try…except 语句块来捕捉 NameError 异常并做相应处理。

```
1. try:                                    #执行 try 下的语句块
2.     num=eval(input("请输入一个正整数："))
3.     print(chr(num+3))
4. except  NameError:                       #捕捉 try 下的语句块引发的名称错误类异常
5.     print("输入有误，请输入一个正整数!")   #处理异常，输出提示信息
```

运行结果：

```
请输入一个正整数：x123
输入有误，请输入一个正整数！
```

当用户输入字符"x123"时，eval 函数取出数据 x123，并确认是个未经定义的变量名，产生了 NameError 异常。捕获到该种异常后，立即跳转至"except NameErro:"执行，程序可以友好地输出"输入有误"的提示文本，而非强制终止程序执行，出现 Traceback 的异常反馈。

3. ValueError 类异常及其处理

执行下面的语句时，虽然用户输入了数字字符，由于输入的字符带小数点，使用 eval 函数将转换为浮点数。由于 factorial 函数无法处理非整型数据，导致程序运行时引发 ValueError 异常。

```
1. import math
2. num=eval(input("请输入一个正整数："))
3. print(math.factorial(num))
```

当用户输入数字 12.3 时，运行结果如下：

```
请输入一个正整数：12.3
Traceback (most recent call last):
    File " D:/ Python 示例 /3-TypeError 异常 3.py ",line 3,in <module>
        print(math.factorial(num))
ValueError: factorial()only accepts integral values
```

Python 会反馈一个 ValueError 值异常，提示 factorial 只能处理整型数据。

同理，可使用 try…except 语句块来捕捉 ValueError 异常并做相应处理。

```
1. import math
2. try:                                    #执行 try 下的语句块
3.     num=eval(input("请输入一个正整数："))
4.     print(math.factorial(num))
5. except  ValueError:                     #捕捉 try 下的语句块引发的值错误类异常
6.     print("值错误，无法完成运算!")       #处理异常，输出提示信息
```

运行结果：

```
请输入一个正整数：12.3
值错误，无法完成运算！
```

当用户输入数字"12.3"时，由于 factorial 函数无法处理浮点数，于是产生了 ValueError 异常。捕获到该种异常后，立刻跳转至"except ValueError:"执行，程序输出"值错误，无法完成运算!"的文本提示，而非强制终止程序执行，出现 Traceback 的异常反馈。

4. TypeError 类异常及其处理

执行下面的语句时，用户输入了字符串"print(5)"，eval 函数提取的语句 print(5)没有任何类型，无法参与幂运算，导致 TypeError 异常。此外，使用各类运算符进行运算时，若操作数类型不符合要求，都会引发 TypeError 类异常。

```
1. num=eval(input("请输入一个正整数："))
2. print(num**2)
```

以上代码执行后，反馈如下 Traceback 异常信息：

```
请输入一个正整数：print(5)
5
Traceback (most recent call last):
File " D:/ Python 示例 /3-TypeError 异常 4.py ",line 2,in <module>
    print(num**2)
TypeError: unsupported operand type(s) for ** or pow(): 'NoneType' and 'int'
```

Python 反馈一个 TypeError 类型异常，提示没有类型的数据无法参与幂运算。

若想捕捉该类异常，可以使用 "except TypeError:" 语句。

```
1. try:                              #执行 try 下的语句块
2.     num=eval(input("请输入一个正整数："))
3.     print(num**2)
4. except  TypeError:              #捕捉 try 下的语句块引发的类型错误类异常
5.     print("输入的数据类型有误，请输入一个正整数!")  #处理异常，输出提示信息
```

运行结果：

```
请输入一个正整数：print(5)
5
输入的数据类型有误，请输入一个正整数!
```

当用户输入字符串 "print(5)" 时，eval 函数去掉字符串定界符后提取语句 print(5) 执行，所以打印输出 5。但语句 print(5) 没有任何类型，无法参与幂运算，所以引发 TypeError 类型错误类异常。此时 except TypeError 语句捕获了此种异常并输出提示信息处理异常。

5．不指定类型的异常处理

Python 异常类型除了上述 4 种类型外，还有 SyntaxError 语法错误、AttributeError 属性错误等类型。若想捕捉任意类型的异常可以在使用 try…except 时省略异常类型，直接使用 "except:" 语句。

```
1. import math                     #引用 math 库
2. try:                            #执行 try 下的语句块
3.     num=eval(input("请输入一个非负整数："))
4.     print(math.sqrt(num))       #求 num 的平方根
5. except:                         #捕捉 try 下的语句块引发的各类异常
6.     print("输入数据异常，请输入一个非负整数!")  #处理异常，输出提示信息
```

运行结果：

```
请输入一个非负整数：-3
输入数据异常，请输入一个非负整数!
```

当输入数据"-3"时引发了某种异常，此时"except:"语句捕获到了此种异常，于是使用 print 语句输出提示信息处理该异常。

3.5.2　异常处理的高级用法

除了上述 try…except 语句块的用法以外，Python 还能使用 try…except…else…finally 语句块处理各类型的异常。此处的 else 用法类似于 for…else、while…else 的用法，当且仅当 try 中的语句块被正常执行后才会执行"else:"语句。此处 finally 语句总是会被执行。其语句格式如下：

```
try:
    <语句块1>
except<异常类型>:
    <语句块2>
else:
    <语句块3>
finally:
    <语句块4>
```

说明：

情况 1：若语句块 1 能正常执行，则跳转到"else:"执行语句块 3，并最终执行"finally:"下的语句块 4。

情况 2：若语句块 1 执行时出现异常，则跳转到"except"执行语句块 2，执行完后跳转到"finally:"执行语句块 4。

由此看出，"finally:"下的语句块 4 总是会被执行。

观察以下的语句块并思考 try…except…else…finally 是如何发挥作用的。

```
1. try:          #执行 try 下的语句块
2.     num=eval(input("请输入一个正整数: "))
3. except:        #若 try 下的语句块引发了异常，则
4.     print("输入错误，请输入一个正整数!")
5. else:
6.     print(num+3)
7. finally:
8.     print("程序结束")
```

以上代码运行时若输入"123"，得到以下结果：

```
请输入一个正整数：123
126
结束程序
```

若变量 num 接收了用户输入的正常数据，则程序跳转到第 5 行 else 语句打印输出 num+3 的值，并跳转到第 7 行 finally 语句输出"程序结束"。

以上代码运行时若输入字符串"add"将引发 NameError 异常，其结果如下：

```
请输入一个正整数：add
```

> 输入错误，请输入一个正整数！
> 程序结束

　　变量 num 接收用户输入的数据 "add"，引发了 NameError 异常，则执行 except NameError 下的 print 语句提示："输入错误，请输入一个正整数!"，并跳转到第 7 行 finally 语句输出 "程序结束"。

本 章 小 结

　　本章主要介绍了 Python 程序的 3 种控制结构，分别为顺序结构、分支结构、循环结构。具体分析了条件表达式的构成，分支结构的 3 种类型：单分支结构、双分支结构和多分支结构。详细讲解了循环结构的两种类型：for 遍历循环和 while 条件循环，以及循环的嵌套。循环控制语句 break 用于中断循环、continue 用于继续下一次循环，以及 else 语句与循环结构。最后，介绍了程序的基本异常处理方法。

习　　题

　　1．输入一个字符串，判断其是否为回文字符串。回文是指正读和反读都一样的字符串，如 "level" 或 "noon" 等，就是回文字符串。

　　2．某快递公司邮寄快件的收费标准为：每件重量不超过 1kg 邮费 10 元；当超过 1kg 时，超过部分每 0.5kg 加收 3 元，不足 0.5kg 按 0.5kg 收费。编写程序，输入邮件重量，计算并输出应付邮费。

　　3．所谓 "水仙花数" 是指具备这样特征的 3 位正整数：它的个位、十位、百位上 3 个数字的立方和，等于这个 3 位数的值本身。例如，3 位数 407 就是一个 "水仙花数"，$407 = 4^3+0^3+7^3$。编程输出所有的 3 位水仙花数。

　　4．编写程序对输入的字符串进行分类统计，打印输出该字符串有多少个英文字符，多少个数字，多少个其他字符。

　　5．完全数 (Perfect Number) 是一些特殊的自然数，它所有的真因子 (除了自身以外的因子) 的和 (因子函数)，恰好等于它本身。例如，6 的所有真因子 1、2、3 的和为 6，为完全数。编写程序输出 1000 以内所有的完全数。

第4章

组合数据类型 ◀◀◀◀◀◀◀◀◀◀◀

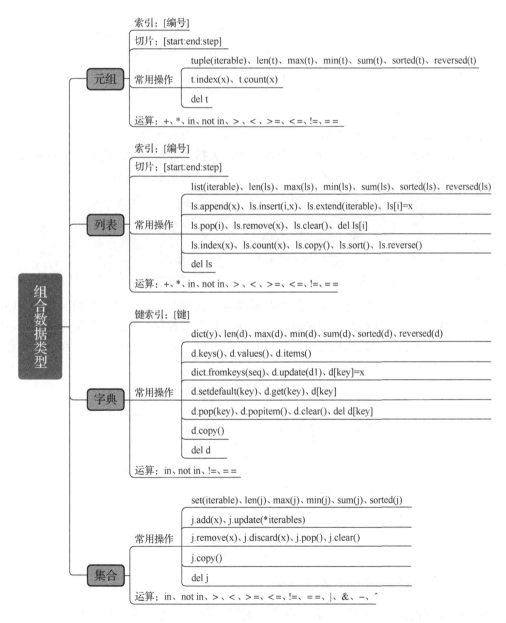

索引: [编号]

切片: [start:end:step]

元组 常用操作
tuple(iterable)、len(t)、max(t)、min(t)、sum(t)、sorted(t)、reversed(t)

t.index(x)、t.count(x)

del t

运算: +、*、in、not in、>、<、>=、<=、!=、==

索引: [编号]

切片: [start:end:step]

列表 常用操作
list(iterable)、len(ls)、max(ls)、min(ls)、sum(ls)、sorted(ls)、reversed(ls)

ls.append(x)、ls.insert(i,x)、ls.extend(iterable)、ls[i]=x

ls.pop(i)、ls.remove(x)、ls.clear()、del ls[i]

ls.index(x)、ls.count(x)、ls.copy()、ls.sort()、ls.reverse()

del ls

运算: +、*、in、not in、>、<、>=、<=、!=、==

组合数据类型

键索引: [键]

字典 常用操作
dict(y)、len(d)、max(d)、min(d)、sum(d)、sorted(d)、reversed(d)

d.keys()、d.values()、d.items()

dict.fromkeys(seq)、d.update(d1)、d[key]=x

d.setdefault(key)、d.get(key)、d[key]

d.pop(key)、d.popitem()、d.clear()、del d[key]

d.copy()

del d

运算: in、not in、!=、==

集合 常用操作
set(iterable)、len(j)、max(j)、min(j)、sum(j)、sorted(j)

j.add(x)、j.update(*iterables)

j.remove(x)、j.discard(x)、j.pop()、j.clear()

j.copy()

del j

运算: in、not in、>、<、>=、<=、!=、==、|、&、-、^

　　第 2 章介绍了 Python 两种基本的数据类型——数字类型和字符串类型,若实现一些功能更复杂、更强大的任务,往往需要处理大量具有特定意义的数据,而这些数据往往又由多个数据组合而成。如处理学生各科成绩任务时，每个学生的成绩数据是由各科成绩数据所组成的，此时仅靠数字类型和字符串类型就显得有点力不从心且效率不高，若能构造出一些适合的数据类型就会事半功倍，因此 Python 提供了组合数据类型。本章将介绍 Python 提供的 4 种组合数据类型：元组、列表、字典和集合。

4.1　组合数据类型概述

何谓组合数据类型？顾名思义是把多个同类型数据或不同类型数据组合在一起的数据类型。组合数据类型的数据是由多个同类型数据或不同类型的数据组合而成的，其中的每个数据被称为组合类型数据的元素。组合类型数据元素可以是 Python 中所有数据类型的数据，既可以是数字型数据，也可以是字符串型数据，还可以是组合数据类型数据，元素间用英文逗号"，"隔开。

Python 提供了 4 种组合数据类型：元组、列表、字典和集合，它们是通过定界符进行类型区分的，圆括号表示元组，方括号表示列表，大括号表示字典和集合；字典和集合的区分是通过元素来区分的，若元素是键值对就是字典，否则就是集合。

```
1. (66,77,88)                              #元组，元素数据类型相同，都是整型
2. [('apple',6),('banana',3),('pear',5)]   #列表，元素数据类型相同，都是元组
3. ['John',{'Andy',20},'Rose',10,60]       #列表，元素数据类型不同
4. {'Amy',18,99,88}                        #集合，元素数据类型不同
5. {'John':18,'Andy':20,'Rose':19}         #字典，元素是键值对，键和值各自数据类型相同
```

元组、列表、字典和集合这 4 种组合数据类型有其相似之处，更有其独到之处。根据它们各自的特点，可以从两个方面来再次区分这 4 种组合数据类型，一是按元素是否有序分为有序数据类型和无序数据类型；二是按元素是否可变分为可变数据类型和不可变数据类型。组合数据类型分类如图 4-1 所示。

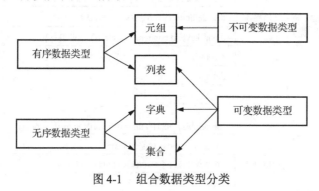

图 4-1　组合数据类型分类

4.1.1　有序数据类型和无序数据类型

根据组合数据类型数据的元素是否有序把组合数据类型分成了有序数据类型和无序数据类型。元组和列表是有序数据类型，字典和集合是无序数据类型。

1. 有序数据类型

有序数据类型是指元素有先后顺序，每个元素都有一个正向编号和反向编号，可通过编号对元素进行索引和切片。索引是对单个元素的获取，切片是对一定范围内的元素进行 0 个、1 个或多个元素的获取。第 2 章介绍的字符串类型也有正反向编号，也可通过编号进行索引和切片，符合有序数据类型的规律，可以把字符串类型也归入有序数据类型中，字符串中的元素可以理解为就是单个字符。元组和列表属于有序数据类型，其编号规则和索引切片规则与字符串类型的相关规则相同。

1) 元素编号

有序数据类型数据的元素编号分为两种：正向编号和反向编号。正向编号是按从左往右的顺序依次递增编号，起始编号是 0，依次加 1；反向编号是按从右往左的顺序依次递减编号，起始编号是-1，依次减 1。元素编号规则如图 4-2 所示。

图 4-2　元素编号规则

2) 元素索引和切片

有序数据类型数据中若要获取其中任意一个元素，只需通过此元素的编号进行元素索引处理。若要获取任意 0 个、1 个或多个元素，则需通过设置编号范围的方式进行元素切片处理。

（1）索引。

格式：<有序数据类型常量或变量>[编号]

说明：索引只能获取一个元素；编号不能越界，即不能获取不存在的元素。

```
>>> ls=[11,22,99,88,66]          #定义一个列表变量 ls
>>> t=('you','are','best!')       #定义一个元组变量 t
>>> type(ls)                      #测试 ls 的类型
<class 'list'>
>>> type(t)                       #测试 t 的类型
<class 'tuple'>
>>> ls[0]                         #获取列表 ls 中的 0 号元素
11
>>> t[-2]                         #获取元组 t 中的-2 号元素
'are'
>>> t[9]                          #获取出错，错误原因是编号越界，元组 t 中没有 9 号元素
Traceback (most recent call last):
    File "<pyshell#7>",line 1,in <module>
        t[9]
IndexError: tuple index out of range
```

(2) 切片。

格式：<有序数据类型常量或变量>[start:end:step]

说明：切片实现对 0 个、1 个或多个元素的获取，从 start 起始编号开始获取元素，编号每增加一个 step 步长就获取一个元素，直到 end 的前一个编号结束获取。

切片规则是包含 start 但不包含 end；若无 step，则默认步长是 1，step 步长为正表示从 start 开始往右边获取元素，step 为负表示从 start 开始往左边获取元素；若无 start，step 步长为正则 start 默认是 0 号，step 步长为负则 start 默认是-1 号；若无 end，step 步长为正则默认切到最右边的元素，step 步长为负则默认切到最左边的元素；切片结果的数据类型是原切片数据的类型；start 和 end 编号可以越界，此时只会对存在的编号元素进行切片。

切片非常灵活，可从左往右正向切片获取元素，也可从右往左反向切片获取元素；可连续切片获取元素，也可不连续切片获取元素。以下列出了不同切片方式的获取元素规则。

① [::]或者[:]：获取所有元素。

② [::-1]：反向获取所有元素，即所有元素逆序。

③ [start:]：获取的元素是从 start 开始直到右边最后一个元素。

④ [start:end]：获取的元素是从 start 开始直到 end 前一编号处的元素。

⑤ [start::step]：获取的元素从 start 开始，编号增加 step，直到最后一个元素。

⑥ [:end]：获取的元素是从 0 号开始直到 end-1 处的元素。

⑦ [:end:step]：获取的元素是从 0 或-1 号开始，编号增加 step，直到 end 前一编号处的元素。

⑧ [::step]：获取的元素从 0 或-1 号开始，编号增加 step，直到最后一个元素。

```
>>> ls=[11,22,99,88,66]          #定义列表变量 ls
>>> t=('you','are','best!')      #定义元组变量 t
>>> ls[::]                       #获取所有元素
[11,22,99,88,66]
>>> ls[::-1]                     #反向获取所有元素
[66,88,99,22,11]
>>> ls[2:]                       #获取 2 号开始往右边的所有元素
[99,88,66]
>>> ls[2:4]                      #获取 2 号开始往右边到 3 号结束的所有元素
[99,88]
>>> ls[1::3]                     #获取 1 号开始往右边编号增加 3，直到右边的最后一个元素
[22,66]
>>> ls[:2:-2]                    #获取-1 号开始往左边编号增加-2，直到 2 号右边的元素
[66]
>>> ls[1::-1]                    #获取 1 号开始往左边的所有元素
[22,11]
>>> t[:2]                        #获取 0 号开始往右边到 1 号结束的所有元素
('you','are')
>>> t[-3:-2]                     #获取-1 号开始往左边编号增加-2，直到-2 号的所有元素
('best!',)
>>> t[1:7]                       #获取 1 号到 6 号的元素，编号越界只获取到右边最后一个元素
('are','best!')
```

```
>>> t[2:0]                        #从 2 号开始往右边获取，但结束的编号在左边，所以结果是空
()
```

2. 无序数据类型

无序数据类型是指元素没有先后顺序，没有编号，不可以通过编号对元素进行索引和切片。字典和集合属于无序数据类型。

```
>>> j={'Amy',18,99,88}                      #定义集合变量 j
>>> d={'John':18,'Andy':20,'Rose':19}       #定义字典变量 d
>>> j[1]                                     #出错，错误原因是集合不能通过编号对元素索引
Traceback (most recent call last):
    File "<pyshell#3>",line 1,in <module>
        j[1]
TypeError: 'set' object is not subscriptable
>>> d[::-1]                                  #出错，错误原因是字典不能通过编号对元素切片
Traceback (most recent call last):
    File "<pyshell#4>",line 1,in <module>
        d[::-1]
TypeError: unhashable type: 'slice'
```

4.1.2　可变数据类型和不可变数据类型

根据组合数据类型数据的元素是否可变把组合数据类型分成了可变数据类型和不可变数据类型。元组是不可变数据类型，列表、字典、集合是可变数据类型。

1. 可变数据类型

可变数据类型的特点是数据中的元素可变，意味着元素个数可变、元素值可变，即可以对元素进行添加和删除、元素值可以被修改。不同的可变数据类型其改变元素的值、添加和删除元素的方法有相同的，也有不同的。列表、字典、集合是可变数据类型。

```
>>> ls=[11,22,99,88,66]                     #定义列表变量 ls
>>> j={'Amy',18,99,88}                      #定义集合变量 j
>>> d={'John':18,'Andy':20,'Rose':19}       #定义字典变量 d
>>> ls[1]=33                                 #把列表 ls 中的 1 号元素值改为 33
>>> ls                                       #显示列表 ls 的值
[11,33,99,88,66]
>>> j.add(55)                                #集合 j 增加一个元素 55
>>> j                                        #显示集合 j 的值
{99,18,'Amy',55,88}
>>> d.clear()                                #删除字典 d 中所有元素
>>> d                                        #显示字典 d 的值
{}
```

2. 不可变数据类型

不可变数据类型的特点是数据中的元素不可变，意味着元素个数不可变、元素值不可变，即数据一旦产生，这个数据的元素不可添加和删除、元素值不可以被修改。若需要对

数据元素进行修改，只有通过重新产生一个新数据的方式解决，即重新赋值产生一个新的数据。第 2 章所介绍的字符串类型和数字类型，若把单个字符和单个数字当成元素，那它的字符和数字也是不可添加和删除、字符和数字的值也是不可更改的，因此字符串类型和数字类型也被认为是不可变数据类型。元组是不可变数据类型。

```
>>> t=('you','are','best!')    #定义元组变量 t
>>> t[2]='worst!'              #出错，错误原因是不可变数据类型的元素值不可变
Traceback (most recent call last):
    File "<pyshell#2>",line 1,in <module>
        t[2]='worst!'
TypeError: 'tuple' object does not support item assignment
```

4.2　元　　组

元组是有序、不可变的组合数据类型，其特点是元组的元素有先后顺序且元素不可改变，即元组的元素可以通过编号进行索引和切片，但不可以进行添加和删除，元素值也不可改变。

4.2.1　元组的表示方法

元组表示方法有两种，一种是带定界符，一种是不带定界符，各个元素之间用英文逗号","隔开。元组的定界符是圆括号"()"，即用圆括号括起来的并且用英文逗号隔开的数据则是元组数据；若不带定界符但各个数据之间用英文逗号隔开的数据，系统自动默认是元组数据。一般在编程过程中表示元组时，为了一目了然，建议使用带定界符圆括号的方式。

1. 零个元素的元组——空元组

格式：()或者 tuple()

说明：空元组很少使用。

```
>>> ()                  #空元组常量
()
>>> tuple()             #结果是空元组常量
()
>>> type(())            #测试常量()的类型，type 函数的功能就是测试参数的类型
<class 'tuple'>
>>> t1=()               #定义变量 t1，t1 的值是空元组
>>> type(t1)            #测试变量 t1 的类型
<class 'tuple'>
>>> t2=tuple()          #定义变量 t2，t2 的值是空元组
>>> type(t2)            #测试变量 t2 的类型
<class 'tuple'>
```

2. 一个元素的元组

格式：（元素,）或者 元素,

说明：元素后的英文逗号必须写，若不写英文逗号，第 1 种格式表示的是圆括号运算表达式，第 2 种格式表示的是一个具体的数据。

```
>>> (88,)                       #仅有一个元素 88 的元组常量
(88,)
>>> type((88,))                 #测试常量(88,)的类型
<class 'tuple'>
>>>t3=("good!",)                #定义变量 t3，其值是只有一个元素 "good!" 的元组
>>> type(t3)                    #测试变量 t3 的类型
<class 'tuple'>
>>> t4=99,                      #定义变量 t4，其值是只有一个元素 99 的元组
>>> type(t4)                    #测试变量 t4 的类型
<class 'tuple'>
>>> (88)                        #这是一个圆括号运算表达式，其结果就是 88
88
>>> type((88))                  #测试圆括号运算表达式结果的类型
<class 'int'>
```

3. 多个元素的元组

格式：（元素,元素, …）或者　元素,元素, …

说明：每个元素的类型可相同也可不相同。

```
>>> (2,3,4)                     #有 3 个元素的元组常量
(2,3,4)
>>> type((2,3,4))               #测试常量(2,3,4)的类型
<class 'tuple'>
>>> t5=('you','are','best!')    #定义变量 t5，其值是有 3 个字符串类型元素的元组
>>> type(t5)                    #测试变量 t5 的类型
<class 'tuple'>
>>> t6=(("Andy",23),("Mary",18))    #定义变量 t6，其值是有两个元组类型元素的元组
>>> type(t6)                    #测试变量 t6 的类型
<class 'tuple'>
>>> t7=66,'顺利','ok!'          #定义变量 t7，其值是有 3 个元素的元组
>>> type(t7)                    #测试变量 t7 的类型
<class 'tuple'>
```

4. 转换成元组

格式：tuple(iterable)

说明：iterable 序列可以是字符串、range 函数、列表、字典、集合等。字典转换成元组实际上是字典的键转换成元组。

```
>>> tuple("尽力而为! ")         #把字符串常量转换成元组
('尽','力','而','为','! ')
```

```
>>> tuple({"apple":6,"pear":4})  #把字典常量转换成元组，结果只保留键
('apple','pear')
>>> t8=tuple(range(2,4))          #把 range 函数结果转换成一个元组，赋值给变量 t8
>>> print(type(t8),t8)           #输出变量 t8 的类型和 t8 的值
<class 'tuple'> (2,3)
>>> t9=tuple([11,22,33,44])       #把列表常量转换成元组，赋值给变量 t9
>>> print(type(t9),t9)           #输出变量 t9 的类型和 t9 的值
<class 'tuple'> (11,22,33,44)
```

4.2.2　元组的索引和切片

元组是有序数据类型，根据有序数据类型索引和切片的格式和规则实现对元组的索引和切片。索引是对单个元素的获取，切片是对一定范围内的元素进行 0 个、1 个或多个元素的获取。元组的元素可以是任意类型，若元素中有可以索引和切片的类型，如字符串、列表和元组等，那就可以实现层层索引和切片，即在索引的结果上继续索引，在切片的结果上继续切片。

1. 索引

元组的索引是获取元组的单个元素，若元组的元素还是可以索引的类型，如字符串、列表和元组等，则可继续索引下去，实现层层索引。索引时的编号不可越界。

```
>>> t1=(66,'顺利','ok!')    #定义一个元组变量 t1
>>> t1[-1]                  #获取元组 t1 中的-1 号元素
'ok!'
>>> t1[1]                   #获取元组 t1 中的 1 号元素
'顺利'
>>> t1[1][1]               #层层索引：获取元组 t1 中 1 号元素中的 1 号元素
'利'
>>> t2=(88,t1)             #定义了一个元组变量 t2，t1 变量的值是 t2 变量中的 1 号元素
>>> t2                      #查看变量 t2 的值
(88,(66,'顺利','ok!'))
>>> t2[1]                  #获取元组 t2 中的 1 号元素
(66,'顺利','ok!')
>>> t2[1][-1]             #层层索引：获取元组 t2 中 1 号元素中的-1 号元素
'ok!'
>>> t2[1][-1][1]         #层层索引：获取元组 t2 中 1 号元素中的-1 号元素中的 1 号元素
'k'
>>> t1[5]                 #获取出错，错误原因是编号越界，元组 t1 中没有 5 号元素
Traceback (most recent call last):
    File "<pyshell#10>",line 1,in <module>
        t1[5]
IndexError: tuple index out of range
>>> t2[0][0]             #获取出错，错误原因是数字不能索引，元组 t2 的 0 号元素是数字 88
```

```
Traceback (most recent call last):
    File "<pyshell#11>",line 1,in <module>
        t2[0][0]
TypeError: 'int' object is not subscriptable
```

2. 切片

元组的切片是获取元组的 0 个、1 个或多个元素，主要操作还是对多个元素的获取，切片后的结果类型还是元组类型。可以继续对切片结果再次进行切片处理，即元组能连续层层切片；若元组的元素是可以索引和切片的，则可结合索引和切片实现对元组的元素进行切片处理；元组切片时的编号可以越界，但只会在有效的编号元素中进行切片。

```
>>> t3=(65,38,42,88,92)          #定义一个元组变量 t3
>>> t3[1:3]                      #获取 1 号开始往右边到 2 号结束的所有元素
(38,42)
>>> t3[-3:-1]                    #获取-1 号开始往左边编号增加-1，直到-2 号结束的所有元素
(92,88)
>>> t3[0::3]                     #获取 0 号开始往右边编号增加 3，直到最右边元素
(65,88)
>>> t3[::-1]                     #元组 t3 反向切片
(92,88,42,38,65)
>>> t3[::-1][:5:2]               #层层切片：对元组 t3 反向切片结果再次进行切片
(92,42,65)
>>> t3[::-1][:5:2][::-1]         #层层切片：对 t3[::-1][:5:2]切片结果再次反向切片
(65,42,92)
>>> t4=('hi','hello','bye',('121','2112','34563',t3))  #定义一个元组变量 t4
>>> t4                           #查看元组变量 t4 的值
('hi','hello','bye',('121','2112','34563',(65,38,42,88,92)))
>>> t4[1][::-1]                  #索引后切片：获取元组 t4 中的 1 号元素，并对它进行反向切片
'olleh'
>>> t4[2::]                      #获取 2 号开始往右边的所有元素
('bye',('121','2112','34563',(65,38,42,88,92)))
>>> t4[2::][1]                   #切片后索引：获取 t4[2::]切片结果中的 1 号元素
('121','2112','34563',(65,38,42,88,92))
>>> t4[2::][1][-1:-3:-1]
                    #切片后索引，再切片：对 t4[2::]切片结果中的 1 号元素再次切片
((65,38,42,88,92),'34563')
>>> #切片后索引，再切片，再索引
>>> t4[2::][1][-1:-3:-1][0]      #获取 t4[2::][1][-1:-3:-1]切片结果中的 0 号元素
(65,38,42,88,92)
>>> #切片后索引再切片，再索引，再反向切片
>>> t4[2::][1][-1:-3:-1][0][::-1]
                    #对 t4[2::][1][-1:-3:-1]切片结果中的 0 号元素再次反向切片
(92,88,42,38,65)
```

4.2.3　元组常用操作

由于元组是不可变数据类型，所以不能对元组的元素进行修改，即不能添加和删除元素、不能修改元素的值，因此元组的操作并不多，除了索引和切片操作以外，其余的一些常用操作有获取元素的总个数、获取某一个元素出现的个数、元素排序、删除元组等，这些操作可通过 Python 所提供的一些内置函数、元组常用方法、del 语句等来实现。

1. 常用内置函数

元组的常用内置函数如表 4-1 所示。

表 4-1　元组的常用内置函数

函数	描述
len(t)	返回元组 t 的元素个数
tuple([iterable])	将 iterable 序列转换为元组，若无 iterable 则表示空元组
max(t)	返回元组 t 中元素的最大值
min(t)	返回元组 t 中元素的最小值
sum(t)	返回元组 t 中所有元素之和
sorted(t[,reverse=False])	对元组 t 中所有元素按升序排列，结果是列表 reverse=True 表示降序，默认升序
reversed(t)	将元组 t 中元素反向，结果需转换成列表或元组显示

若要获取元组元素的个数则需使用 len 函数；把其他类型数据转换为元组类型数据则需使用 tuple 函数；若要获取元组的最大元素则需使用 max 函数，最小元素则是 min 函数，使用这两个函数的前提条件是元组的所有元素必须是同一类型且是可以比较大小的类型；若是元组的元素全是数字类型，则可使用 sum 函数对元组的所有元素求和；若要对元组的元素排序则需使用 sorted 函数，使用这个函数的前提条件与 max 函数、min 函数的前提条件一样，但其结果是列表类型；若要把元组的元素反向，除了使用元组切片的方法外，还可使用 reversed 函数，但 reversed 函数的结果需转换成列表或元组显示。

```
>>> t1=(66,'顺利','ok!')          #定义元组变量 t1
>>> t2=('you','are','best!')      #定义元组变量 t2
>>> t3=(86,66,99,43)              #定义元组变量 t3
>>> len(t1)                       #统计元组 t1 的元素个数
3
>>> max(t2)                       #元组 t2 中的最大元素
'you'
>>> min(t3)                       #元组 t3 中的最小元素
43
>>> sum(t3)                       #元组 t3 中所有元素求和
294
>>> sorted(t2)                    #元组 t2 中的元素按升序排列，结果是列表
['are','best!','you']
>>> sorted(t3,reverse=True)       #元组 t3 中的元素按降序排列，结果是列表
[99,86,66,43]
```

```
>>> tuple(reversed(t1))     #元组 t1 中的元素反向排列，结果转换为元组显示
('ok!','顺利',66)
>>> sorted(t1)               #元组 t1 升序排列出错，错误原因是元素类型不同，不能比较
Traceback (most recent call last):
    File "<pyshell#10>",line 1,in <module>
        sorted(t1)
TypeError: '<' not supported between instances of 'str' and 'int'
```

2. 常用方法

元组的常用方法如表 4-2 所示，表中 t 表示元组。

表 4-2 元组的常用方法

方法	描述
t.index(x[,i[,j]])	返回元组 t 中从 i 到 j-1 位置中第一次出现 x 的编号
t.count(x)	返回元组 t 中出现 x 元素的个数

获取元组中某一个元素出现个数的方法是 count 函数；获取某一个元素在一定的编号范围内第一次出现时的编号的方法是 index 函数，其中第 2 个参数表示范围的起始编号，第 3 个参数表示范围的结束编号，注意范围不包含结束编号，是到结束编号的前一编号，若没规定范围则默认是整个元素范围，若只给出范围的起始编号，则表示是从起始编号开始一直到右边的最后一个元素，若在范围内无此元素则出错。

```
>>> t1=(11,22,22,66,"h","ok",22,88,"h") #定义一个元组变量 t1
>>> t1.count(22)          #统计元组 t1 中元素 22 的个数
3
>>> t1.count("h")          #统计元组 t1 中元素"h"的个数
2
>>> t1.index(22)          #查找元组 t1 中元素 22 第一次出现的编号
1
>>> t1.index(22,5)        #查找元组 t1 中元素 22 从第 5 号元素开始往右第一次出现的编号
6
>>> t1.index(22,-7)       #查找元组 t1 中元素 22 从第-7 号元素开始往右第一次出现的编号
2
>>> t1.index(22,2,5)      #查找元组 t1 中元素 22 在 2 号到 4 号元素范围第一次出现的编号
2
>>> t1.index("h",0,4)  #查找出错，错误原因是元组 t1 中 0 号到 3 号元素内无元素"h"
Traceback (most recent call last):
    File "<pyshell#8>",line 1,in <module>
        t1.index("h",0,4)
ValueError: tuple.index(x): x not in tuple
>>> t1.index(99)          #查找出错，错误原因是元组 t1 中无元素 99
Traceback (most recent call last):
    File "<pyshell#9>",line 1,in <module>
        t1.index(99)
ValueError: tuple.index(x): x not in tuple
```

3. 删除元组的 del 语句

格式：del 元组变量[,元组变量, …]

说明：可一次删除一个元组，也可一次删除多个元组。

```
>>> t1=(66,'顺利','ok!')          #定义一个元组变量 t1
>>> t2=(88,t1)                    #定义一个元组变量 t2
>>> t3=('abc',('x','y','z'))      #定义一个元组变量 t3
>>> t4=('you','are','best!')      #定义一个元组变量 t4
>>> print(t1,t2,t3,t4)            #输出 t1、t2、t3、t4 这 4 个变量的值
(66,' 顺利 ','ok!') (88,(66,' 顺利 ','ok!')) ('abc',('x','y','z')) ('you',
'are','best!')
>>> del t1                       #删除元组变量 t1
>>> t1                           #显示出错，错误原因是没有元组变量 t1，它已经被删除了
Traceback (most recent call last):
    File "<pyshell#7>",line 1,in <module>
        t1
NameError: name 't1' is not defined
>>> del t2,t3,t4       #删除多个元组变量
>>> t3                           #显示出错，错误原因是没有元组变量 t3，它已经被删除了
Traceback (most recent call last):
    File "<pyshell#9>",line 1,in <module>
        t3
NameError: name 't3' is not defined
```

4. 容易犯的错误操作

元组的元素不能添加和删除，元素值不能修改。在编程中，若是把元组的这个特点忘记了，就很容易出现一些错误操作。

```
>>> t1=(66,'顺利','ok!')     #定义一个元组变量 t1
>>> t1[0]=88                      #元组中的元素值不能更改
Traceback (most recent call last):
    File "<pyshell#2>",line 1,in <module>
        t1[0]=88
TypeError: 'tuple' object does not support item assignment
>>> del t1[2]                    #元组中的元素不能删除
Traceback (most recent call last):
    File "<pyshell#3>",line 1,in <module>
        del t1[2]
TypeError: 'tuple' object doesn't support item deletion
```

4.2.4 元组的运算

元组作为一种数据类型，对此类数据运算加工处理是必然的需求。适用于元组的运算有连接运算、重复运算、成员运算和关系运算。元组适用的运算符如表 4-3 所示。

表 4-3 元组适用的运算符

运算符	描述
+	连接运算：按先后顺序连接合并成一个数据
*	重复运算：对数据重复
in、not in	成员运算：判断数据是否是元组中的元素
>、<、>=、<=、!=、==	关系运算：大于、小于、大于等于、小于等于、不等于、等于

1. 连接运算

元组进行连接运算时其运算结果也是元组，且参与运算的数据必须是元组类型，因为同类型的数据才能进行连接运算。

```
>>> t1=(66,'顺利','ok!')              #定义元组变量 t1
>>> t2=('you','are','best!')          #定义元组变量 t2
>>> t3=(("Andy",23),("Mary",18))      #定义元组变量 t3
>>> t1+t2                             #连接合并元组 t1 和元组 t2
(66,'顺利','ok!','you','are','best!')
>>> t1+t2+t3                          #连接合并元组 t1、t2 和 t3
(66,'顺利','ok!','you','are','best!',('Andy',23),('Mary',18))
>>> t4=(77,55)+t3                     #定义元组变量 t4,其值是元组常量(77,55)连接 t3 的结果
>>> t4                               #显示 t4 的值
(77,55,('Andy',23),('Mary',18))
>>> t1+55                            #连接合并出错，错误原因是类型不同不能连接
Traceback (most recent call last):
    File "<pyshell#8>",line 1,in <module>
        t1+55
TypeError: can only concatenate tuple (not "int")to tuple
```

2. 重复运算

元组进行重复运算时其运算结果也是元组。

```
>>> t1=(66,'顺利','ok!')              #定义元组变量 t1
>>> t2=('you','are','best!')          #定义元组变量 t2
>>> t2*2                              #元组 t2 重复 2 次
('you','are','best!','you','are','best!')
>>> 3*t1                              #元组 t1 重复 3 次
(66,'顺利','ok!',66,'顺利','ok!',66,'顺利','ok!')
```

3. 成员运算

元组的成员运算是判断一个数据是否是元组中的元素，运算结果是布尔型。

```
>>> t1=(66,'顺利','ok!')              #定义元组变量 t1
>>> t2=('you','are','best!')          #定义元组变量 t2
>>> t3=(("Andy",23),("Mary",18))      #定义元组变量 t3
>>> t4=(77,55)+t3                     #定义元组变量 t4,其值是元组常量(77,55)连接 t3 的结果
>>> "66" in t1                       #字符串"66"是元组 t1 中的元素吗？元组 t1 中是数字 66
```

```
False
>>> t1 in t2                    #元组 t1 是元组 t2 中的元素吗
False
>>> ("Andy",23)in t3            #元组常量("Andy",23)是元组 t3 中的元素吗
True
>>> 55 not in t4                #数字 55 不是元组 t4 中的元素吗
False
```

4. 关系运算

元组进行关系运算时，运算结果是布尔型，比较规则是从两个元组的 0 号元素开始比较起，若两个元素能比较出结果则它们的比较结果就是最终结果；若不能比较出结果再去比较 1 号元素，依次类推，直到找到可以比较出结果的元素为止。进行等于、不等于运算时，对需比较的两个元组之间对应编号的元素类型没有要求，但进行大于、小于、大于等于、小于等于运算时，两个元组之间需比较的对应编号的元素必须是同一类型。

```
>>> t1=(66,'顺利','ok!')          #定义元组变量 t1
>>> t2=('you','are','best!')      #定义元组变量 t2
>>> t3=(("Andy",23),("Mary",18)) #定义元组变量 t3
>>> t4=(86,66,99,43)             #定义元组变量 t4
>>> t1!=t2 #元组 t1 和元组 t2 元素不同吗？不等于运算对元素类型无要求
True
>>> t2==t3 #元组 t2 和元组 t3 元素相同吗？等于运算对元素类型无要求
False
>>> t1<t4  #从 t1 和 t4 的 0 号元素开始比较，可比，得出结果 True
True
>>> t5=(66,'顺利','ak!')          #定义元组变量 t5
>>> t5>t1  #先从 0 号元素开始比较，比不出大小，直到 2 号元素可比出大小，得出结果 False
False
>>> t2>t4  #出错，错误原因是 t2 和 t4 中的 0 号元素类型不同，不能比
Traceback (most recent call last):
    File "<pyshell#10>",line 1,in <module>
        t2>t4
TypeError: '>' not supported between instances of 'str' and 'int'
```

4.2.5　元组的遍历

元组的遍历通过 for 循环实现。

格式：

　　　　for 变量 in 元组变量或元组常量:
　　　　　　语句块

说明：依次把元组中的每个元素赋给变量进行语句块的操作。

```
>>> t1=(66,'顺利','ok!')          #定义一个元组变量 t1
>>> for i in t1:                 #元组 t1 的遍历，依次把 t1 中的元素赋给变量 i
        print(i,end=" ")         #输出 i 变量的值
```

```
66 顺利 ok!
>>> for i in (50,80,'好'):        #元组常量的遍历，依次把元组常量中的元素赋给变量 i
        print(i*2,end=" ")        #输出 i*2 的结果
100 160 好好
```

4.2.6　元组应用实例

根据元组的特点，适用于把不需要修改的数据放在元组中，如固定颜色、固定公式、固定常量等。

【例 4-1】　一次性任意输入多个数字并存入一个元组中，计算并输出这些数字的总和。

问题分析：一次性任意输入多个数字并存入一个元组中，这表明需通过 input 函数一次性接收多个数字。根据元组多个元素表示方法可知，定义一个元组变量赋值时各个数字之间需用英文逗号隔开，因此在键盘输入时就需在各个数字之间用英文逗号隔开，且通过 input 函数接收后还需使用 eval 函数。计算这些数字的总和可利用元组遍历求和，也可利用 for 循环和索引方式求和，还可利用内置函数 sum 求和。结果输出需使用 print 函数。

参考代码 1：

```
1. t=eval(input("请任意输入多个数字(各个数字之间用英文逗号隔开)："))
2. s=0
3. for i in t:
4.     s=s+i
5. print("各个数字之和是：{}".format(s))
```

参考代码 2：

```
1. t=eval(input("请任意输入多个数字(各个数字之间用英文逗号隔开)："))
2. s=0
3. for i in range(len(t)):
4.     s=s+t[i]
5. print("各个数字之和是：{}".format(s))
```

参考代码 3：

```
1. t=eval(input("请任意输入多个数字(各个数字之间用英文逗号隔开)："))
2. print("各个数字之和是：{}".format(sum(t)))
```

运行结果：

```
请任意输入多个数字(各个数字之间用英文逗号隔开)：55.5,99,68.5,80
各个数字之和是：303.0
```

问题拓展：若把题目改成一次性任意输入多个数字，计算并输出这些数字中的最大值、最小值和平均值，程序该如何编写？

【例 4-2】　请绘制 10 个大小、位置、颜色均随机的圆，但圆的颜色只能是红色、绿色、蓝色或黄色。

问题分析：需绘图并取随机数，绘图需用 turtle 模块，取随机数需用 random 模块，颜色种类是固定的，表明需把颜色存放在元组中，一个圆只能选其中一种颜色，可通过对元组

中的元素随机索引的方式去设置线条和填充色。画 10 个圆可通过循环实现，因循环次数确定，所以采用 for 循环。

参考代码：

```
1.   import turtle as t
2.   import random as r
3.   t.setup(800,600)
4.   tcolor=("red","green","blue","yellow")
5.   t.speed(10)
6.   for i in range(10):
7.       t.up()
8.       t.goto(r.randint(-300,300),r.randint(-200,200))
9.       t.color(tcolor[r.randint(0,3)])
10.      t.begin_fill()
11.      t.down()
12.      t.circle(r.randint(20,60))
13.      t.end_fill()
14.  t.done()
```

运行结果参考图如图 4-3 所示。

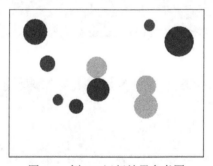

图 4-3   例 4-2 运行结果参考图

问题拓展：若把题目换成绘制任意多个大小、位置和颜色均随机的五角星，五角星的颜色只能是红色、黑色、绿色、蓝色或黄色，程序该如何编写？

4.3 列 表

列表是组合数据类型中应用较为广泛的类型，同元组一样，它是有序数据类型，可以对列表元素进行索引和切片。列表和元组的区别就在于列表是可变数据类型，元素是可变的，即可以对元素进行添加和删除，元素值也可改变，而元组是不可变数据类型，元素是不可变的，从这一点就可以看出，列表的功能多于元组，也可认为列表是元组的升级版。列表的主要特点是既可以对列表元素进行索引和切片，还可以对元素进行修改。

4.3.1　列表的表示方法

列表通过定界符方式来表示，列表的定界符是中括号"[]"，各个元素之间用英文逗号
","隔开。

1. 零个元素的列表——空列表

格式：[] 或者 list()

说明：表示没有一个元素的列表。

```
>>> []                    #空列表常量
[]
>>> list()                #结果是空列表常量
[]
>>> type([])              #测试常量[]的类型
<class 'list'>
>>> ls1=[]                #定义变量ls1，ls1的值是空列表
>>> type(ls1)             #测试变量ls1的类型
<class 'list'>
>>> ls2=list()           #定义变量ls2，ls2的值是空列表
>>> type(ls2)             #测试变量ls2的类型
<class 'list'>
```

2. 一个元素的列表

格式：[元素]

说明：元素可以是任意数据类型。

```
>>> [99]                  #仅有一个元素99的列表常量
[99]
>>> type([99])            #测试常量[99]的类型
<class 'list'>
>>> ls3=[("A","B")]       #定义变量ls3，其值是只有一个元组类型元素("A","B")的列表
>>> type(t3)             #测试变量ls3的类型
<class 'list'>
```

3. 多个元素的列表

格式：[元素,元素,…]

说明：每个元素的类型可相同，也可不相同。

```
>>> [18,22,24,26,22]              #有5个相同类型元素的列表常量，元素均是整型
[18,22,24,26,22]
>>> type([18,22,24,26,22])        #测试常量[18,22,24,26,22]的类型
<class 'list'>
>>> ls4=[88,"99",(55,66),["a"]]  #定义变量ls4，其值是有4个不同类型的元素的列表
>>> type(ls4)                     #测试变量ls4的类型
<class 'list'>
```

4. 转换成列表

格式：list(iterable)

说明：iterable 序列可以是字符串、range 函数、元组、字典、集合等，字典转列表实际上是字典的键转换成列表。

```
>>> list((99,66,88))              #把元组常量转换成列表
[99,66,88]
>>> list(range(2,10,3))           #把 range 函数产生的序列转换成列表
[2,5,8]
>>> list({"apple":6,"pear":4})    #把字典常量转换成列表，只保留键
['apple','pear']
>>> ls5=list("happy!")            #把字符串常量转换成列表，赋值给变量 ls5
>>> print(type(ls5),ls5)          #输出变量 ls5 的类型和 ls5 的值
<class 'list'> ['h','a','p','p','y','!']
```

4.3.2 列表的索引和切片

列表的索引和切片操作与元组一样，遵循有序数据类型的索引和切片的方法和规则。列表与元组一样可以层层索引和切片。

1. 索引

列表的索引是获取列表的单个元素，若列表的元素是可以索引的类型，如字符串、列表和元组等，则可继续索引下去，实现层层索引。索引时的编号不可越界。

```
>>> ls1=[88,"99",(55,66),["a"]]   #定义一个列表变量 ls1
>>> ls1[2]                #获取列表 ls1 中的 2 号元素
(55,66)
>>> ls1[2][1]             #层层索引：获取列表 ls1 中的 2 号元素中的 1 号元素
66
>>> ls1[-6]              #获取出错，错误原因是编号越界，列表 ls1 中没有-6 号元素
Traceback (most recent call last):
    File "<pyshell#4>",line 1,in <module>
        ls1[-6]
IndexError: list index out of range
>>> ls1[0][1]   #获取出错，错误原因是数字不能索引，列表 ls1 的 0 号元素是数字 88
Traceback (most recent call last):
    File "<pyshell#5>",line 1,in <module>
        ls1[0][1]
TypeError: 'int' object is not subscriptable
```

2. 切片

列表的切片是获取列表的 0 个、1 个或多个元素，主要操作还是对多个元素的获取。切片后的结果类型还是列表类型。列表可以层层切片，也可以将索引与切片相结合。列表切片时编号可越界。

```
>>> ls2=[88,"176524",(55,66),["hello","bye"]]  #定义一个列表变量 ls2
>>> ls2[::-2]                    #获取-1 号开始往左边编号增加-2,直到最左边的元素
[['hello','bye'],'176524']
>>> ls2[::-2][::-1]              #层层切片:对 ls2[::-2]的切片结果再反向切片
['176524',['hello','bye']]
>>> ls2[::-2][1]                #切片后索引:获取 ls2[::-2]的切片结果中的 1 号元素
'176524'
>>> ls2[::-2][1][1:4]
                    #切片后索引再切片:对 ls2[::-2]的切片结果中的 1 号元素继续切片
'765'
>>> ls2[::-2][1][1:4][-9:-1]
                    #对 ls2[::-2][1][1:4]的切片结果再切片,-9 编号越界
'567'
```

4.3.3　列表常用操作

列表的操作除了索引和切片外,常用的操作还有统计列表元素个数、对列表排序、添加和删除元素、修改元素的值等。这些操作一般通过常用内置函数、列表常用方法、del语句等来实现。

1. 常用内置函数

列表的常用内置函数和元组差不多。列表常用内置函数如表 4-4 所示。

表 4-4　列表常用内置函数

函数	描述
len (ls)	返回列表 ls 的元素个数
list ([iterable])	将 iterable 序列转换为列表,若无 iterable 则表示空列表
max (ls)	返回列表 ls 中元素的最大值
min (ls)	返回列表 ls 中元素的最小值
sum (ls)	返回列表 ls 中所有元素之和
sorted (ls[,reverse=False])	对列表 ls 中所有元素按升序排列,结果是列表 reverse=True 表示降序,默认为升序
reversed (ls)	将列表中的元素反向,结果需转换成列表或元组显示

```
>>> ls1=[88,"99",(55,66),["a"]]     #定义列表变量 ls1
>>> ls2=[18,22,24,26,22]            #定义列表变量 ls2
>>> ls3=["p","y","t","h","o","n"]   #定义列表变量 ls3
>>> len(ls1)                        #统计列表 ls1 中的元素个数
4
>>> max(ls2)                        #列表 ls2 中的最大元素
26
>>> min(ls3)                        #列表 ls3 中的最小元素
'h'
>>> sum(ls2)                        #列表 ls2 中的所有元素求和
112
```

```
>>> sorted(ls2)                    #列表 ls2 中元素按升序排列，结果是列表
[18,22,22,24,26]
>>> list(reversed(ls3))            #将列表 ls3 中元素反向排列，结果转为列表显示
['n','o','h','t','y','p']
>>> max(ls1)          #出错，错误原因是列表 ls1 中各元素之间类型不同，不能比较大小
Traceback (most recent call last):
    File "<pyshell#10>",line 1,in <module>
        max(ls1)
TypeError: '>' not supported between instances of 'str' and 'int'
>>> sum(ls3)           #出错，错误原因是列表 ls3 中元素都是字符串型，不能求和
Traceback (most recent call last):
    File "<pyshell#11>",line 1,in <module>
        sum(ls3)
TypeError: unsupported operand type(s)for+: 'int' and 'str'
```

2. 元素可变操作和常用方法

列表元素可变操作有修改元素的值、添加和删除元素，这些操作都有相应的一些处理方法，如赋值处理、切片处理或方法处理。列表常用方法也非常多，除了添加和删除元素方法外，还有复制方法、排序方法和反向方法等。列表常用方法如表 4-5 所示，表中 ls 表示列表。

表 4-5　列表常用方法

方法	描述
ls.append(x)	在列表 ls 最后增加一个元素 x
ls.insert(i, x)	在列表 ls 的第 i 序号处增加元素 x
ls.extend(iterable)	在列表 ls 中增加 iterable 序列中的元素
ls.pop([i])	删除列表 ls 中 i 序号的元素，返回这个元素值，默认为最后一个元素
ls.remove(x)	删除列表 ls 中出现的第一个元素 x
ls.clear()	删除列表 ls 中所有元素
ls.index(x[,i[,j]])	返回列表 ls 中从 i 到 j-1 位置中第一次出现元素 x 的序号
ls.count(x)	返回列表 ls 中出现 x 的总个数
ls.copy()	复制列表 ls
ls.sort()	直接对列表 ls 中元素进行排序，reverse=True 表示降序，无返回值
ls.reverse()	直接对 ls 列表元素反向，无返回值

1) 修改元素的值

列表中修改元素值的方法是重新对元素赋值。单个元素值的修改，其处理方法是直接通过索引找到元素并重新赋值即可，此处理方法简称为索引赋值方法，不能对不存在的元素赋值；多个元素值可同时修改，其处理方法是直接通过切片找到多个元素并重新赋值即可，此处理方法简称为切片赋值方法，赋的值必须是一个序列，即可以是元组、列表、range 函数、集合等。

```
>>> ls1=[88,"176524",(55,66),["hello","bye"]] #定义一个列表变量 ls1
```

```
>>> #索引赋值方法实现单个元素值修改
>>> ls1[2]=99                    #列表 ls1 中的 2 号元素修改为 99
>>> ls1[-3]=66                   #列表 ls1 中的-3 号元素修改为 66
>>> ls1                          #显示列表 ls1
[88,66,99,['hello','bye']]
>>> ls1[5]=77                    #出错,错误原因是列表 ls1 中没有 5 号元素
Traceback (most recent call last):
    File "<pyshell#5>",line 1,in <module>
        ls1[5]=77
IndexError: list assignment index out of range
>>> ls2=[18,22,24,26,22]   #定义一个列表变量 ls2
>>> #切片赋值方法实现多个元素值修改
>>> ls2[1:3]=55,66               #列表 ls2 中的 1 号和 2 号元素重新赋值
>>> ls2
[18,55,66,26,22]
>>> ls2[2:]=range(3)             #列表 ls2 中的 2 号以后的元素重新赋值
>>> ls2
[18,55,0,1,2]
>>> ls2[0:3:2]=["a","b"]         #列表 ls2 中的 0 号和 2 号元素重新赋值
>>> ls2
['a',55,'b',1,2]
>>> ls2[1:]=99                   #出错,错误原因是 99 不是一个序列
Traceback (most recent call last):
    File "<pyshell#13>",line 1,in <module>
        ls2[1:]=99
TypeError: can only assign an iterable
```

2)添加元素

列表中添加元素的方法有 append 方法、insert 方法、extend 方法和切片赋值方法。append 方法是直接在列表最后追加一个元素;insert 方法是在列表中插入一个元素,位置编号可以越界,若越界则自动在最前或最后插入;extend 方法是把一个序列中所有元素直接追加到列表中。

```
>>> ls1=[88,"176524",(55,66),["hello","bye"]] #定义一个列表变量 ls1
>>> ls1.append("hi")            #列表 ls1 最后追加一个元素
>>> ls1                          #显示列表 ls1
[88,'176524',(55,66),['hello','bye'],'hi']
>>> ls1.insert(2,99)            #列表 ls1 的 2 号元素处插入一个元素
>>> ls1
[88,'176524',99,(55,66),['hello','bye'],'hi']
>>> ls1.insert(10,100)          #位置越界,在列表 ls1 最后追加一个元素
>>> ls1
[88,'176524',99,(55,66),['hello','bye'],'hi',100]
>>> ls1.insert(-10,34)          #位置越界,在列表 ls1 的 0 号元素处插入一个元素
>>> ls1
[34,88,'176524',99,(55,66),['hello','bye'],'hi',100]
```

```
>>> ls1.extend(range(2))          #把 range 函数结果的序列追加到 ls1 列表
>>> ls1
[34,88,'176524',99,(55,66),['hello','bye'],'hi',100,0,1]
>>> ls1.extend([66,77])           #把一个列表常量追加到 ls1 列表
>>> ls1
[34,88,'176524',99,(55,66),['hello','bye'],'hi',100,0,1,66,77]
>>> ls2=[18,22,24,26,22]          #定义一个列表变量 ls2
>>> #切片赋值方法实现添加元素
>>> ls2[5:]='a'                   #在列表最后追加一个元素
>>> ls2
[18,22,24,26,22,'a']
>>> ls2[1:1]=('c','d','e')        #在 1 号处插入 3 个元素
>>> ls2
[18,'c','d','e',22,24,26,22,'a']
```

3) 删除元素

列表中删除元素的方法有 pop 方法、remove 方法、clear 方法、切片赋值方法和 del 语句。pop 方法是根据编号来删除元素，若无编号则默认删除最后一个元素，且 pop 方法有返回值即有函数结果，其结果是元素值，编号不能越界；remove 方法是根据元素值来删除元素，若有多个相同的元素，则删除第一个元素，若无此元素则出错；clear 方法是删除列表中所有元素；切片赋值方法删除元素时必须赋值的是空序列，即空元组、空列表、空集合等，则相当于删除切片的这些元素；del 语句删除元素在后面的 "3.删除列表中列表元素的 del 语句"中介绍。

```
>>> ls1=[88,"176524",(55,66),["hello","bye"]] #定义一个列表变量 ls1
>>> ls1.pop(1)                    #删除列表 ls1 中的 1 号元素，有函数结果
'176524'
>>> ls1
[88,(55,66),['hello','bye']]
>>> ls1.remove(88)                #删除元素 88
>>> ls1.remove(99)                #出错，错误原因是列表 ls1 中无元素 99
Traceback (most recent call last):
    File "<pyshell#5>",line 1,in <module>
        ls1.remove(99)
ValueError: list.remove(x): x not in list
>>> ls1
[(55,66),['hello','bye']]
>>> ls1.clear()                   #删除列表 ls1 中所有元素
>>> ls1
[]
>>> ls2=[18,22,24,26,22]          #定义一个列表变量 ls2
>>> #切片赋值方法实现删除元素
>>> ls2[2:4]=[]                   #删除列表 ls2 中的 2 号和 3 号元素
>>> ls2
[18,22,22]
```

```
>>> ls2[0:]=()                    #删除列表 ls2 中所有元素
>>> ls2
[]
```

4）统计元素个数和查找元素位置

列表的 count 方法、index 方法与元组的 count 方法、index 方法使用规则一样。列表的 count 方法是获取列表中某一个元素的出现个数；列表的 index 方法是获取某一个元素在一定的编号范围内第一次出现时的编号，范围不包含结束位置，若在查找的范围内没有该元素则出错。

```
>>> ls2=[18,22,24,26,22]          #定义一个列表变量 ls2
>>> ls2.count(18)                 #统计列表 ls2 中元素 18 的个数
1
>>> ls2.count(66)                 #统计列表 ls2 中元素 66 的个数
0
>>> ls2.index(22)                 #查找列表 ls2 中元素 22 第一次出现的编号
1
>>> ls2.index(22,2)        #查找列表 ls2 中元素 22 从 2 号元素开始往右第一次出现的编号
4
>>> ls2.index(22,2,4)  #查找出错，错误原因是列表 ls2 中 2 号到 3 号元素内无元素 22
Traceback (most recent call last):
    File "<pyshell#7>",line 1,in <module>
        ls2.index(22,2,4)
ValueError: 22 is not in list
```

5）元素排序和反向

列表排序可通过内置函数 sorted 实现，也可通过 sort 排序方法实现；列表反向可通过内置函数 reversed 实现，也可通过 reverse 方法实现。两种实现方式最大的区别是内置函数是以返回一个函数结果的形式出现，对原列表没有任何影响；方法是直接对原列表操作，会直接对原列表进行改变。

```
>>> ls2=[18,22,24,26,22]          #定义一个列表变量 ls2
>>> ls2.reverse()                 #列表 ls2 元素反向
>>> ls2
[22,26,24,22,18]
>>> ls2.sort()                    #列表 ls2 元素升序排列
>>> ls2
[18,22,22,24,26]
>>> ls2.sort(reverse=True)        #列表 ls2 元素降序排列
>>> ls2
[26,24,22,22,18]
>>> sorted(ls2)                   #列表 ls2 元素降序排列
[18,22,22,24,26]
>>> ls2                           #sorted 内置函数排序后对原列表无影响
[26,24,22,22,18]
```

6) 列表的复制

列表复制方法是 copy 方法,可得到一个与原列表一样的新列表。而直接把一个列表变量赋值给另一个列表变量的方式不是复制,而是相当于给这个列表取了个别名,这两个列表变量表示的是同一个列表,其内存地址一样。测试变量内存的地址函数是 id 函数。

```
>>> ls2=[18,22,24,26,22]          #定义一个列表变量 ls2
>>> ls3=ls2.copy()                #复制列表 ls2 给 ls3,ls2 和 ls3 是两个单独的列表
>>> id(ls3)==id(ls2)              #列表 ls3 和列表 ls2 的内存地址不一样
False
>>> ls3
[18,22,24,26,22]
>>> ls3.append(88)                #列表 ls3 追加一个元素 88
>>> ls3==ls2
False
>>> ls4=ls2                       #列表 ls2 赋值给变量 ls4,ls2 和 ls4 是同一个列表
>>> id(ls4)==id(ls2)              #列表 ls4 和列表 ls2 的内存地址一样
True
>>> ls4.append(99)                #列表 ls4 追加一个元素 99
>>> ls2                           #ls2 和 ls4 是同一列表,ls4 变导致 ls2 也变
[18,22,24,26,22,99]
>>> ls2==ls4
True
```

3. 删除列表和列表元素的 del 语句

1) del 语句删除列表

格式:del 列表变量[,列表变量, …]

说明:可一次删除一个列表,也可一次删除多个列表。

```
>>> ls1=[88,"176524",(55,66),["hello","bye"]] #定义一个列表变量 ls1
>>> ls2=[18,22,24,26,22]                       #定义一个列表变量 ls2
>>> ls3=["p","y","t","h","o","n"]              #定义一个列表变量 ls3
>>> print(ls1,ls2,ls3)                         #输出 ls1、ls2、ls3 这 3 个列表变量的值
[88,'176524',(55,66),['hello','bye']] [18,22,24,26,22] ['p','y','t',
'h','o','n']
>>> del ls1          #删除列表 ls1
>>> ls1              #显示出错,错误原因是没有列表变量 ls1
Traceback (most recent call last):
    File "<pyshell#6>",line 1,in <module>
        ls1
NameError: name 'ls1' is not defined
>>> del ls2,ls3      #删除列表 ls2 和 ls3
>>> ls3              #显示出错,错误原因是没有列表变量 ls3
Traceback (most recent call last):
    File "<pyshell#8>",line 1,in <module>
        ls3
NameError: name 'ls3' is not defined
```

2) del 语句删除列表元素

格式：del 列表元素 1[，列表元素 2···]

说明：一次删除一个列表元素，用列表元素索引的方式表示列表元素；一次删除多个列表元素，既可用列表元素索引的方式，也可用列表元素切片的方式。列表元素索引的方式删除多个元素的执行过程是先删除列表元素 1，在删除后的新列表基础上再删除其新列表中的列表元素 2，依次类推实现多个列表元素的删除，相当于执行了多个单列表元素的删除。一次删除多个列表元素最好用列表元素切片的方式，用这种方式删除的均是原列表中相应编号的元素。

```
>>> ls1=[88,"176524",(55,66),["hello","bye"]]  #定义一个列表变量 ls1
>>> ls2=[18,22,24,26,22]                        #定义一个列表变量 ls2
>>> del ls1[-1]                                 #删除列表 ls1 中的-1 号元素
>>> ls1                                         #显示列表 ls1
[88,'176524',(55,66)]
>>> del ls1[0],ls1[1]   #先删除 ls1 中的 0 号元素，再在删除后的新列表中删除其 1 号元素
>>> ls1
['176524']
>>> del ls2[2:4]                #删除列表 ls2 中的 2 号和 3 号元素
>>> ls2
[18,22,22]
```

4.3.4　列表的运算

列表的运算同元组的运算一样，可以进行连接运算、重复运算、成员运算和关系运算。其运算规则也是一样的，只不过是把运算的对象换成列表而已。列表适用的运算符如表 4-6 所示。

表 4-6　列表适用的运算符

运算符	描述
+	连接运算：按先后顺序连接合并成一个数据
*	重复运算：对数据重复
in、not in	成员运算：判断数据是否是列表中的元素
>、<、>=、<=、!=、==	关系运算：大于、小于、大于等于、小于等于、不等于、等于

1. 连接运算

列表进行连接运算时其运算结果也是列表，且参与运算的数据必须是列表，因为同类型的数据才能进行连接运算。

```
>>> ls1=[88,"176524",(55,66),["hello","bye"]]     #定义一个列表变量 ls1
>>> ls2=[18,22,24,26,22]                           #定义一个列表变量 ls2
>>> ls1+ls2                                        #连接合并列表 ls1 和列表 ls2
[88,'176524',(55,66),['hello','bye'],18,22,24,26,22]
>>> ls2+list("123")             #连接合并列表 ls2 和字符串转换的列表
```

```
[18,22,24,26,22,'1','2','3']
>>> ls2+(88,99)          #连接出错，错误原因是类型不同不能连接
Traceback (most recent call last):
    File "<pyshell#5>",line 1,in <module>
        ls2+(88,99)
TypeError: can only concatenate list (not "tuple")to list
>>> ls2=ls2+[66,77,88] #重新定义列表变量 ls2，值是原列表 ls2 连接列表常量的结果
>>> ls2
[18,22,24,26,22,66,77,88]
```

2. 重复运算

列表进行重复运算时其运算结果也是列表。

```
>>> ls3=["hi","hello","bye"]  #定义列表变量 ls3
>>> ls3*2                     #列表 ls3 重复 2 次
['hi','hello','bye','hi','hello','bye']
>>> ls3=3*ls3              #重新定义列表变量 ls3，值是 ls3 列表进行 3 次重复运算的结果
>>> ls3
['hi','hello','bye','hi','hello','bye','hi','hello','bye']
```

3. 成员运算

列表的成员运算是判断一个数据是否是列表的元素，其运算结果是布尔型。

```
>>> ls1=[88,"176524",(55,66),["hello","bye"]] #定义一个列表变量 ls1
>>> "hello" in ls1              #字符串"hello"是列表 ls1 中的元素吗
False
>>> ["hello","bye"] in ls1     #列表["hello","bye"]是列表 ls1 中的元素吗
True
>>> "88" not in ls1            #字符串 "88" 不是列表 ls1 中的元素吗
True
```

4. 关系运算

列表进行关系运算时，运算结果是布尔型。比较规则是从两个列表的 0 号元素开始比较，若两个元素能比较出结果，则它们的比较结果就是最终结果；若不能比较出结果再比较 1 号元素，依次类推，直到找到可以比较出结果的元素为止。进行等于、不等于运算时对需比较的两个列表之间对应编号的元素类型没有要求，但进行大于、小于、大于等于、小于等于运算时两个列表之间需比较的对应编号的元素必须是同一类型。

```
>>> ls1=[88,"176524",(55,66),["hello","bye"]] #定义一个列表变量 ls1
>>> ls2=[18,22,24,26,22]                #定义一个列表变量 ls2
>>> ls3=["hi","hello","bye"]     #定义一个列表变量 ls3
>>> ls1==ls2                          #列表 ls1 和列表 ls2 元素相同吗
False
>>> ls2<ls1     #从 ls2 和 ls1 的 0 号元素开始比较，可比，得出结果 True
True
>>> ls3<ls2    #出错，错误原因是 ls2 和 ls2 的 0 号元素类型不同，不能比
```

```
Traceback (most recent call last):
    File "<pyshell#6>",line 1,in <module>
        ls3<ls2
TypeError: '<' not supported between instances of 'str' and 'int'
```

4.3.5 列表的遍历

列表的遍历通过 for 循环实现。

格式：

> for 变量 in 列表变量或列表常量：
>> 语句块

说明：依次把列表的每个元素赋给变量进行语句块的操作。

```
>>> ls2=[18,22,24,26,22]          #定义一个列表变量 ls2
>>> for i in ls2:                 #列表 ls2 的遍历，依次把 ls2 中的元素赋给变量 i
        print(i,end=" ")          #输出 i 变量的值
18 22 24 26 22
>>> for i in [55,66,77,88,44]:    #列表常量的遍历，依次把列表常量中的元素赋给变量 i
        print(i>=60,end=" ")      #输出 i>=60 的结果
False True True True False
```

4.3.6 列表推导式

列表推导式是一种利用现有序列快速产生新列表的一种方式。现有序列可以是元组、列表、字典、集合、range 函数等。

格式：列表变量=[产生数据语句 for 变量 in 序列 if 条件]

说明：对序列元素进行遍历，筛选出满足条件的元素后，由产生数据语句产生出新列表元素，最终构造出新列表。格式中可以有多个 for 遍历循环和多个 if 条件，for 遍历循环必有一个，但 if 条件可有可无。

列表推导式中单个 for 遍历循环等价于以下结构：

列表变量=[]

> for 循环变量 in 序列：
>> if 条件：
>>> 产生数据语句
>>> 列表变量.append(数据)

列表推导式无条件，如：

```
>>> ls1=[x**2 for x in range(4)]
```

等价于：

```
>>> ls1=[]
>>> for x in range(4):
        ls1.append(x**2)
```

ls1 的值是[0, 1, 4, 9]。

列表推导式带条件，如：

```
>>> score=[44,77,55,66,33,99,88]
>>> ls2=[x+5 for x in score if x<60]
```

等价于：

```
>>> score=[44,77,55,66,33,99,88]
>>> ls2=[]
>>> for x in score:
        if x<60:
            ls2.append(x+5)
```

ls2 的值是[49, 60, 38]。

列表推导式带多个 for 循环，如：

```
>>> ls3=[(i,j) for i in range(3) for j in range(3)]
```

等价于：

```
>>> ls3=[]
>>> for i in range(3):
        for j in range(3):
            ls3.append((i,j))
```

ls3 的值是[(0, 0), (0, 1), (0, 2), (1, 0), (1, 1), (1, 2), (2, 0), (2, 1), (2, 2)]。

4.3.7 列表应用实例

列表是在实际应用中最常用的组合数据类型，对于需要随时添加、删除、修改值的数据一般都用列表的方式存放，如学生成绩、学生名单等。

【例 4-3】 根据输入的多个成绩，统计并输出其中不及格的成绩及其个数。

问题分析：输入多个成绩需要用 input 函数，可利用列表推导式把所有不及格的分数存入一个新列表。用 len 函数测试新列表的个数就可知道不及格成绩的个数，用 print 函数实现输出。

参考代码：

```
1. score=eval(input("请输入需要统计的分数(各个分数之间用英文逗号隔开)："))
2. fail=[i for i in score if i<60]
3. print("不及格的分数有{}个，是{}".format(len(fail),fail))
```

运行结果：

```
请输入需要统计的分数(各个分数之间用英文逗号隔开)：54,65,99,78,45,58
不及格的分数有 3 个，是[54,45,58]
```

问题拓展：若把题目改成根据输入的多个成绩，统计并输出其中 90 分及以上的成绩及其个数、70 到 89 之间的成绩及其个数、60 到 69 之间的成绩及其个数，程序该如何编写？

【例 4-4】 根据输入的小组数和名单随机分组，并输出分好的小组名单。

问题分析：输入的小组数和名单用 input 函数接收，随机需用 random 模块。各小组名单可用一个列表存放，此列表中的元素就是各个小组名单，小组名单也是列表。先创建一个空列表，此空列表的元素也是空列表，元素个数是小组个数；再对输入的名单遍历，依次把每个名字随机添加到列表的各个元素中实现分组；最后小组名单用 print 函数实现输出。

参考代码：

```
1.  import random as r
2.  n=int(input("请输入分组的个数："))
3.  s=input("输入名单(各个名字之间空格隔开)：")
4.  names=s.split()            #names 列表存放输入的名单
5.  fname=[]                   #fname 用于存放分好组的名单，目前是空列表
6.  for i in range(n):        #功能是根据输入的组数对 fname 列表存入相应个数的空列表元素
7.      fname.append(list())
8.  for name in names:         #循环功能是实现名字随机分组
9.      x=r.randint(0,n-1)
10.     fname[x].append(name)
11. i=1
12. for t in fname:            #循环功能是实现分组名单输出
13.     print('第{}组的人数为{}: '.format(i,len(t)),end=' ')
14.     i+=1
15.     for name in t:
16.         print(name,end=' ')
17.     print()
```

运行结果：

```
请输入分组的个数：3
输入名单(各个名字之间空格隔开)：李浩 刘佳 李莉 马飞 柳柳 黎铭 孔佳佳 杨洋
第 1 组的人数为 3：李浩 黎铭 杨洋
第 2 组的人数为 2：马飞 柳柳
第 3 组的人数为 3：刘佳 李莉 孔佳佳
```

问题拓展：若把题目改成根据输入的小组人数和名单平均分组并输出分好的小组名单，程序该如何编写？

4.4　字　　典

字典是无序、可变的组合数据类型，不能通过编号的方式对元素进行索引和切片，可以添加和删除元素。字典的元素是键值对，是组合数据类型中最为特殊的元素表现形式。字典的最大特点就是通过元素的键去获取和修改其对应的值。

4.4.1　字典的表示方法

字典和列表一样，也通过定界符方式来表示，字典的定界符是大括号"{ }"。字典的

元素是键值对，各个键值对元素之间用英文逗号","隔开，键和值之间用英文冒号":"隔开。键值对中的键必须是不可变数据类型，也就是说键的数据类型只能是数字型、字符串型或元组，键不能重复；键值对中的值可以是任意数据类型，值可以重复。

1. 零个元素的字典——空字典

格式：{} 或者 dict()
说明：表示没有一个元素的字典。

```
>>> {}                    #空字典常量
{}
>>>dict()                 #结果是空字典常量
{}
>>> type({})              #测试空字典常量的类型
<class 'dict'>
>>> d1={}                 #定义变量 d1，d1 的值是空字典
>>> type(d1)              #测试变量 d1 的类型
<class 'dict'>
>>> d2=dict()            #定义变量 d2，d2 的值是空字典
>>> type(d2)              #测试变量 d2 的类型
<class 'dict'>
```

2. 一个元素的字典

格式：{键:值}
说明：键的数据类型只能是数字型、字符串型或元组，值可以是任意数据类型。

```
>>> {"apple":6}           #仅有一个元素的字典常量
{"apple":6}
>>> type({"apple":6})     #测试常量{"apple":6}的类型
<class 'dict'>
>>> d3={("A","B"):99}     #定义变量 d3，值是仅一个元素("A","B"):99 的字典
>>> type(d3)              #测试变量 d3 的类型
<class 'dict'>
>>> {[1,2]:"Mary"}        #出错，错误原因是键不能是列表
Traceback (most recent call last):
    File "<pyshell#5>",line 1,in <module>
        {[1,2]:"Mary"}
TypeError: unhashable type: 'list'
```

3. 多个元素的字典

格式：[键:值,键:值, …]
说明：每个键的类型可相同也可不同，每个值的类型可相同也可不同。

```
>>> {"apple":6,"pear":4,"banana":3.5}         #有 3 个元素的字典常量
{'apple': 6,'pear': 4,'banana': 3.5}
>>> type({"apple":6,"pear":4,"banana":3.5})   #测试常量类型
```

```
<class 'dict'>
>>> d4={22:"hello","A":99,"B":(66,88)}          #定义变量 d4
>>> type(d4)                                     #测试变量 d4 类型
<class 'dict'>
>>> d5={6:"hello",6:"hi",8:"ok"}                 #定义变量 d5
>>> d5                   #字典中键不能重复，只会保留一个 6 键元素
{6: 'hi',8: 'ok'}
```

4. 转换成字典

格式：dict(参数)

说明：dict 函数的参数若是多个参数，则多个参数需是按关键字传递的参数；若是一个参数则必须是一个序列，序列可以是元组、列表、集合等，序列中的每个元素必须是带两个元素的序列，每个元素中的第 1 个元素转换成键，第 2 个元素转换成值。

```
>>> d6=dict(x=99,y=66,z=77)          #按关键字传递参数的方式构造字典
>>> d6                                #显示字典 d6 的值
{'x': 99,'y': 66,'z': 77}
>>> ls=[[11,'AB'],[22,('B','C')],[33,['C','D']]]
                                      #列表 ls 中的每个元素都是含两个元素的列表
>>> d7=dict(ls)                       #列表 ls 转化成字典
>>> d7
{11: 'AB',22: ('B','C'),33: ['C','D']}
>>> dict((range(2),range(1,3)))       #元组常量转换成字典
{0: 1,1: 2}
>>> dict(11,22)                       #出错，错误原因是多个参数不是按关键字传递
Traceback (most recent call last):
    File "<pyshell#8>",line 1,in <module>
        dict(11,22)
TypeError: dict expected at most 1 argument,got 2
>>> dict([(11,22,33),(44,55)])        #出错，错误原因是列表中第 1 个元素中有 3 个元素
Traceback (most recent call last):
    File "<pyshell#9>",line 1,in <module>
        dict([(11,22,33),(44,55)])
ValueError: dictionary update sequence element #0 has length 3; 2 is required
```

4.4.2　字典键的索引

字典键的索引指的是通过键去获取其对应的值。

格式：字典变量或常量[键]

说明：若键存在，则返回其键对应的值；若键不存在，则出错。

```
>>> d1={"apple":6,"pear":4,"banana":3.5}  #定义一个字典变量 d1
>>> d1["apple"]      #获取字典 d1 中"apple"键所对应的值
6
>>> d2={22:"hello","A":99,"B":(66,88)}      #定义一个字典变量 d2
>>> d2[22]           #获取字典 d2 中 22 键所对应的值
```

```
'hello'
>>> d2[2]                #出错，错误原因是字典 d2 中没有 2 键
Traceback (most recent call last):
    File "<pyshell#5>",line 1,in <module>
        d2[2]
KeyError: 2
```

　　获取键对应的值还可通过字典的一些方法实现，如 get 方法或 setdefault 方法等。这些方法将在 4.4.3 节中介绍。

4.4.3　字典常用操作

　　字典的操作一般通过常用内置函数及其方法等来实现。常用的操作有统计字典元素个数、对字典按键排序、添加和删除元素、修改键所对应的值等。

　　1. 常用内置函数

　　字典的常用内置函数和元组、列表类似。特别注意的是字典中的 max 函数、min 函数、sum 函数、sorted 函数和 reversed 函数均是对键的操作。字典常用内置函数如表 4-7 所示。

表 4-7　字典常用内置函数

函数	描述
len (d)	返回字典 d 的元素个数
dict (y)	将 y 转换为字典
max (d)	返回字典 d 中最大的键
min (d)	返回字典 d 中最小的键
sum (d)	返回字典 d 中所有键的和
sorted (d[,reverse=False])	对字典 d 中所有的键按序排列，结果是列表 reverse=True 表示降序，默认为升序
reversed (d)	将字典 d 中的键，结果需转换成列表或元组显示

```
>>> d1={"apple":6,"pear":4,"banana":3.5}   #定义字典变量 d1
>>> d2={101:"a",102:"b",103:"a"}           #定义字典变量 d2
>>> len(d1)                     #统计字典 d1 中的元素个数
3
>>> max(d1)                     #字典 d1 中最大的键
'pear'
>>> min(d2)                     #字典 d2 中最小的键
101
>>> sorted(d1,reverse=True)     #字典 d1 中的键按降序排列
['pear','banana','apple']
>>> list(reversed(d1))          #字典 d1 中的键反向排列，结果转为列表显示
['banana','pear','apple']
>>> sum(d2)                     #字典 d2 中的所有键求和
306
>>> sum(d1)                     #出错，错误原因是字典 d1 中的键是字符串，不能求和
Traceback (most recent call last):
```

```
    File "<pyshell#9>",line 1,in <module>
        sum(d1)
TypeError: unsupported operand type(s)for+: 'int' and 'str'
```

2. 元素可变操作和常用方法

　　字典元素可变操作有修改键所对应的值、添加和删除元素，这些操作都有相应的一些处理方法，如赋值处理或方法处理。字典常用方法也非常多，除了添加和删除元素方法外，还有获取所有键值对方法、获取所有键方法、获取所有值方法、复制方法等。字典常用方法如表 4-8 所示，表中 d 表示字典。

表 4-8　字典常用方法

方法	描述
d.items ()	返回字典 d 中的所有键值对，键值对变成元组
d.keys ()	返回字典 d 中的所有键
d.values ()	返回字典 d 中的所有值
dict.fromkeys (seq[,value])	创建一个新字典，以序列中的元素做字典的键，键的值为 value，若无 value 则都为 None
d.update (d1)	把字典 d1 的元素添加到字典 d 里
d.setdefault (key[,value])	返回指定键 key 对应的值，若键不在字典 d 中则返回 value，同时也将键值元素添加进字典 d 中
d.get (key[,value])	返回指定键 key 对应的值，若键不在字典 d 中则返回 value，若无 value 则返回 None
d.pop (key[,value])	删除字典 d 中给定键 key 所对应的元素，返回 key 对应的值，若键不在字典 d 中，则返回 value，若无 value 程序出错
d.popitem ()	删除字典 d 中的一个元素，返回值为键值对元组
d.clear ()	删除字典 d 中的所有元素
d.copy ()	复制字典 d

1) 创建值相同的新字典

　　dict.fromkeys 方法是在一个序列的基础上创建值相同的一个新的字典，序列可以是字符串、元组、range 函数等，新字典以序列中的元素为键。若没有设置相同的值，则值为 None。

```
>>> dict.fromkeys(range(2,5),"A")  #range 所产生的序列中各个元素为键,值都是"A"
{2: 'A',3: 'A',4: 'A'}
>>> ls1=list("python")             #列表 ls1 的值是['p','y','t','h','o','n']
>>> dict.fromkeys(ls1)             #列表 ls1 中各个元素为键, 值都是 None
{'p': None,'y': None,'t': None,'h': None,'o': None,'n': None}
>>> d1=dict.fromkeys((22,33),99)  #元组常量中各个元素为键, 值都是 99
>>> d1
{22: 99,33: 99}
```

2) 获取所有键、所有值、所有键值对

　　获取字典中所有键的方法是 keys 方法，其结果是 dict_keys 类型；获取字典中所有值的方法是 values 方法，其结果是 dict_values 类型；获取所有键值对的方法是 items 方法，其结果是 dict_items 类型，并且键值对会变成元组，键是元组的 0 号元素，值是元组的 1 号元素。这些方法处理的结果可转换成集合、元组或列表。

```
>>> d1={"apple":6,"pear":4,"banana":3.5}   #定义字典变量 d1
>>> d1.keys()                              #获取字典 d1 中的所有键
dict_keys(['apple','pear','banana'])
>>> d1.values()                           #获取字典 d1 中的所有值
dict_values([6,4,3.5])
>>> d1.items()                            #获取字典 d1 中的所有键值对
dict_items([('apple',6),('pear',4),('banana',3.5)])
>>> keyls=list(d1.keys())                 #获取字典 d1 中的所有键后把其结果类型转换成列表
>>> keyls
['apple','pear','banana']
```

3）获取键对应的值

获取键对应的值除了前面介绍的键索引方法外，还可以用 get 方法和 setdefault 方法。get 方法是获取键对应的值，若键不存在则可指定一个返回值，没指定返回值则返回 None；setdefault 方法也是获取键对应的值，若键不存在则可指定一个返回值，没指定返回值则返回 None，同时会把这个键值对添加进字典中。setdefault 方法比 get 方法多了一个键不存在则添加元素的功能。当键不存在时，用键索引方法会出错，而用 get 和 setdefault 方法不会出错。

```
>>> d1={"apple":6,"pear":4,"banana":3.5}   #定义字典变量 d1
>>> d1.get("apple")              #获取"apple"键对应的值
6
>>> d1.get("orange",4)           #"orange"键不存在，返回 4
4
>>> d1.get("orange")             #"orange"键不存在，没指定返回值则返回 None
>>> d1
{'apple': 6,'pear': 4,'banana': 3.5}
>>> d1.setdefault("pear",6)      #获取"pear"键对应的值
4
>>> d1.setdefault("orange",4)    #"orange"键不存在，返回 4，同时添加元素
4
>>> d1
{'apple': 6,'pear': 4,'banana': 3.5,'orange': 4}
```

4）修改键对应的值

字典中修改键对应的值的方法是重新赋值。

格式：字典变量或常量[键]=值

说明：若键存在则是修改键对应的值，若键不存在则是添加元素。

```
>>> d1={"apple":6,"pear":4,"banana":3.5}   #定义字典变量 d1
>>> d1["apple"]=5        #将"apple"键对应的值修改为 5
>>> d1
{'apple': 5,'pear': 4,'banana': 3.5}
>>> d1["orange"]=7       #"orange"键不存在则添加元素
>>> d1
{'apple': 5,'pear': 4,'banana': 3.5,'orange': 7}
```

5）添加元素

字典中添加元素的方法有键索引赋值的方法、setdefault 方法和 update 方法。键索引赋值的方法和 setdefault 方法都是一次添加一个元素；update 方法是把一个字典中的所有元素添加到当前字典中，可以一次添加多个元素。

```
>>> d1={"apple":6,"pear":4,"banana":3.5}          #定义字典变量 d1
>>> d2={22: 99,33: 99}                            #定义字典变量 d2
>>> d1["orange"]=4                                #添加一个元素
>>> d1.setdefault("tomato",3)                     #添加一个元素
3
>>> d1
{'apple': 6,'pear': 4,'banana': 3.5,'orange': 4,'tomato': 3}
>>> d1.update(d2)                  #将字典 d2 中的所有元素添加到字典 d1 中
>>> d1
{'apple': 6,'pear': 4,'banana': 3.5,'orange': 4,'tomato': 3,22: 99,33:
99}]
```

6）删除元素

字典中删除元素的方法有 pop 方法、popitem 方法、clear 方法和 del 语句。pop 方法是根据键来删除元素并返回键对应的值，若键不存在则返回指定的值，若无指定的值则出错；popitem 方法是删除一个元素并返回此元素，此元素用元组表示；clear 方法是删除字典中所有元素；del 语句删除元素，在后面的"3.删除字典和字典元素的 del 语句"中介绍。

```
>>> d1={"apple":6,"pear":4,"banana":3.5,"orange":4}    #定义字典变量 d1
>>> d1.pop("orange")    #删除字典 d1 中"orange"键的元素,返回"orange"键对应的值
4
>>> d1
{'apple': 6,'pear': 4,'banana': 3.5}
>>> d1.pop("tomato",3) #字典 d1 中"tomato"键不存在则返回指定的值 3
3
>>> d1.pop("tomato")    #出错,错误原因是字典 d1 中"tomato"键不存在且无指定值
Traceback (most recent call last):
    File "<pyshell#5>",line 1,in <module>
        d1.pop("tomato")
KeyError: 'tomato'
>>> d1.popitem()           #删除字典 d1 中的一个元素,返回的是用元组表示的被删除的元素
('banana',3.5)
>>> d1
{'apple': 6,'pear': 4}
>>> d1.clear()             #删除字典 d1 中的所有元素
>>> d1
{}
```

7）字典的复制

字典复制方法是 copy 方法，规则与列表的 copy 复制方法相同，通过 copy 方法可得到一个与原字典一样的新字典。直接把一个字典变量赋值给另一个字典变量的方式不是复

制，而是相当于给这个字典取了个别名，这两个字典变量表示的是同一个字典，其内存地址一样。

```
>>> d1={"apple":6,"pear":4,"banana":3.5}   #定义字典变量 d1
>>> d2=d1.copy()           #复制字典 d1 给 d2，d1 和 d2 是两个单独的字典
>>> id(d1)==id(d2)         #字典 d1 与字典 d2 的内存地址不一样
False
>>> d2
{'apple': 6,'pear': 4,'banana': 3.5}
>>> d2["orange"]=4         #字典 d2 添加一个元素
>>> d2
{'apple': 6,'pear': 4,'banana': 3.5,'orange': 4}
>>> d1==d2
False
>>> d3=d1                  #字典 d1 赋值给变量 d3，d1 和 d3 是同一个字典
>>> id(d1)==id(d3)         #字典 d1 和字典 d3 的内存地址一样
True
>>> d3.pop("apple")        #字典 d3 删除"apple"键的元素
6
>>> d1                     #d1 和 d3 是同一字典，d3 变导致 d1 也变
{'pear': 4,'banana': 3.5}
```

3. 删除字典和字典元素的 del 语句

1）del 语句删除字典

格式：del 字典变量[,字典变量, …]

说明：可一次删除一个字典，也可一次删除多个字典。

```
>>> d1={"apple":6,"pear":4,"banana":3.5}   #定义字典变量 d1
>>> d2={22: 99,33: 99}                      #定义字典变量 d2
>>> d3={101:"a",102:"b",103:"a"}           #定义字典变量 d3
>>> del d1                                  #删除字典 d1
>>> d1                                      #显示出错，错误原因是没有字典变量 d1
Traceback (most recent call last):
    File "<pyshell#5>",line 1,in <module>
        d1
NameError: name 'd1' is not defined
>>> del d2,d3                               #删除字典 d2 和 d3
>>> d3                                      #显示出错，错误原因是没有字典变量 d3
Traceback (most recent call last):
    File "<pyshell#7>",line 1,in <module>
        d3
NameError: name 'd3' is not defined
```

2）del 语句删除字典元素

del 语句删除字典的元素与前面删除元素中介绍的 pop 方法一样，也是根据键来删除元素，区别是 pop 方法会返回值，而 del 语句不会返回值。

格式：del 字典变量或常量[键] [,字典变量或常量[键], …]

说明：del 语句是通过键索引去删除键对应的元素，可一次删除一个元素，也可一次删除多个元素。若键不存在则程序出错，抛出异常。

```
>>> d1={"apple":6,"pear":4,"banana":3.5,"orange":4}   #定义字典变量 d1
>>> del d1["apple"]                    #删除字典 d1 中"apple"键的元素
>>> del d1["pear"],d1["orange"]     #删除字典 d1 中"pear"键和"orange"键的元素
>>> d1
{'banana': 3.5}
>>> del d1["orange"]            #出错，错误原因是字典 d1 中没有"orange"键的元素
Traceback (most recent call last):
    File "<pyshell#5>",line 1,in <module>
        del d1["orange"]
KeyError: 'orange'
```

4.4.4　字典的运算

字典的运算相对于其他组合数据类型而言是很少的，因为它无序所以没有连接运算和重复运算，只有成员运算和关系运算，而且关系运算也只有等于、不等于运算。字典适用的运算符如表 4-9 所示。

表 4-9　字典适用的运算符

运算符	描述
in、not in	成员运算符：判断数据是否是字典中的键
!=、==	关系运算符：不等于、等于

1. 成员运算

字典的成员运算是对键的判断，即键在不在字典中，运算结果是布尔型。

```
>>> d1={"apple":6,"pear":4,"banana":3.5}  #定义字典变量 d1
>>> "apple" in d1                      #字符串"apple"是字典 d1 中的键吗
True
>>> 6 in d1                           #数字 6 是字典 d1 中的键吗
False
>>> "orange" not in d1              #字符串"orange"不是字典 d1 中的键吗
True
```

2. 关系运算

字典之间进行关系运算时，只能进行等于和不等于的关系运算，运算结果是布尔型。

```
>>> d1={"apple":6,"pear":4,"banana":3.5}   #定义字典变量 d1
>>> d2={22: 99,33: 99}                      #定义字典变量 d2
>>> d3={101:"a",102:"b",103:"a"}           #定义字典变量 d3
>>> d1!=d2                                #字典 d1 和字典 d2 元素不同吗
True
>>> d4=d1.copy()                          #字典 d1 复制给 d4
```

```
>>> d1==d4                                          #字典 d1 和字典 d4 元素相同吗
True
>>> d2>d3                                           #出错，字典之间不能进行大于运算
Traceback (most recent call last):
    File "<pyshell#7>",line 1,in <module>
        d2>d3
TypeError: '>' not supported between instances of 'dict' and 'dict'
```

4.4.5 字典的遍历

字典的遍历通过 for 循环实现。分为 3 种情况：键的遍历、值的遍历和键值对的遍历。

1. 键的遍历

格式：

        for 变量 in 字典变量或字典常量.keys():
            语句块

说明：依次把字典中的每个键赋给变量进行语句块的操作。"字典变量或字典常量.keys()"可写成"字典变量或字典常量"，直接对字典变量或常量遍历实际上就是对键的遍历。

```
>>> d1={"apple":6,"pear":4,"banana":3.5}   #定义字典变量 d1
>>> for i in d1.keys():           #对字典 d1 的键遍历，依次把每个键赋给变量 i
        print(i,end=" ")
apple pear banana
>>> for i in d1:                  #直接对字典 d1 遍历就是对 d1 的键遍历
        print(i,end=" ")
apple pear banana
```

2. 值的遍历

格式：

        for 变量 in 字典变量或字典常量.values():
            语句块

说明：依次把字典中的每个值赋给变量进行语句块的操作。

```
>>> d1={"apple":6,"pear":4,"banana":3.5}       #定义字典变量 d1
>>> for i in d1.values():             #字典 d1 的值遍历，依次把每个值赋给变量 i
    print(i,end=" ")
6 4 3.5
```

3. 键值对的遍历

格式：

        for 变量 in 字典变量或字典常量.items():
            语句块

说明：依次把字典中的每个键值对以元组的形式赋给变量进行语句块的操作。

```
>>> d1={"apple":6,"pear":4,"banana":3.5}  #定义字典变量 d1
>>> for i in d1.items():   #字典 d1 的键值对遍历，依次把键值对以元组形式赋给变量 i
        print(i,end=" ")   #输出变量 i，i 是元组
('apple',6)('pear',4)('banana',3.5)
>>> for i in d1.items():
        print(i[0],i[1],end=" ")
apple 6 pear 4 banana 3.5
>>> for i,j in d1.items():  #字典 d1 的键值对遍历，依次把键赋给变量 i，值赋给变量 j
        print(i,j,end=" ")
apple 6 pear 4 banana 3.5
```

4.4.6　字典应用实例

字典正如我们生活中所用的字典，帮助我们轻松快速地找到特定字词(键)，以获悉其意思和用法(值)。在有些情况下，使用字典比使用列表更合适。如字符个数(以字符为键，个数为值)，学生信息(以学号为键，信息为值)等。

【例 4-5】　任意输入一段文字，统计并输出每个字符出现的次数。

问题分析：任意输入一段文字需要用 input 函数，统计每个字符出现的次数可采用字典的方式存放这个结果，以字符为键，次数为值。先建立一个空字典，再对字符串进行遍历，遇到没出现的字符则在字典中添加一个元素，出现过的字符则对此字符键的值加 1，最后统计的结果通过 print 函数输出。

参考代码：

```
1. s=input("请任意输入一个字符串：")
2. d={}                         #字典 d 用于存储统计结果
3. for i in s:                  #此循环实现统计结果并存储在字典 d 中
4.     d[i]=d.get(i,0)+1
5. for key,value in d.items():  #此循环实现输出统计结果
6.     print('字符串"{}"中"{}"的个数是：{}'.format(s,key,value))
```

运行结果：

```
请任意输入一个字符串：好好学习！天天向上！
字符串"好好学习！天天向上！"中"好"的个数是：2
字符串"好好学习！天天向上！"中"学"的个数是：1
字符串"好好学习！天天向上！"中"习"的个数是：1
字符串"好好学习！天天向上！"中"！"的个数是：2
字符串"好好学习！天天向上！"中"天"的个数是：2
字符串"好好学习！天天向上！"中"向"的个数是：1
字符串"好好学习！天天向上！"中"上"的个数是：1
```

d[i]=d.get(i,0)+1 等价于以下代码：

```
1. if i in d:
2.     d[i]=d[i]+1
```

```
3. else:
4.     d[i]=1
```

由于是字符串，所以 d[i]=d.get(i,0)+1 还可以等价于以下代码：

```
1. if i not in d:
2.     d[i]=s.count(i)
```

【例 4-6】　任意输入一段英文文章，统计并输出英文单词出现频率最高的前 3 个单词。

问题分析：首先将输入的英文文章分成一个一个的单词，实现分词的方法是先把标点符号替换成空格，然后使用字符串的 split 方法按空格分词；接着通过构造字典的方式实现单词个数统计，字典中单词为键，个数为值；然后把字典中键值对转成列表进行排序；最后输出出现频率最高的 3 个单词。英文标点可用标准库的 string 模块的 punctuation 常量表示。

参考代码：

```
1.  import string
2.  s=input("请任意输入一段英文文章:")
3.  for i in string.punctuation:    #循环功能是把英文标点符号替换成空格
4.      s=s.replace(i,' ')
5.  words=s.split()                 #words 是单词列表
6.  num={}                          #字典 num 存放统计结果
7.  for i in words:                 #循环功能实现将单词个数统计放入字典 num 中
8.      num[i]=num.get(i,0)+1
9.  ls=list(num.items())            #字典键值对转列表，列表中每个元素都是一个元组
10. ls.sort(key=lambda a:a[1],reverse=True)
11.                                 #列表 ls 按每个元素中的 1 号元素降序排列
12. for i in range(3):              #循环功能是输出单词出现频率最高的前 3 名
13.     print("{}:{}".format(ls[i][0],ls[i][1]))
```

运行结果：

```
请任意输入一段英文文章:The beauty of birds lies in their feathers,while the
beauty of human beings lies in their diligence.
beauty:2
of:2
lies:2
```

问题拓展：若把题目改成任意输入一段英文文章，统计并输出以字母 c 开头的英文单词出现频率最低的前 3 个单词，程序该如何编写？

【例 4-7】　任意输入一段中文文章，统计并输出中文词语出现频率最高的前 3 个词语。

问题分析：此例题与例 4-6 的问题分析类似，先分词再构造字典实现个数统计，接着将字典转列表降序排列，最后输出频率最高的 3 个词语。区别是中文分词需使用第三方库的 jieba 模块实现，最常用的中文分词函数是 lcut 函数。

参考代码：

```
1. import jieba         #引入 jieba 模块
2. s=input("请任意输入一段中文文章:")
```

```
3. words=jieba.lcut(s) #words 是列表变量，值是 jieba.lcut(s)分词后的词语列表
4. num={}
5. for word in words:
6.     num[word]=num.get(word,0)+1
7. ls=list(num.items())
8. ls.sort(key=lambda x:x[1],reverse=True)
9. for i in range(3):
10.    print ("{}:{}".format(ls[i][0],ls[i][1]))
```

运行结果：

```
请任意输入一段中文文章:勤奋是聪明的土壤，勤学是聪明的钥匙。
是:2
聪明:2
的:2
```

jieba 模块的功能就是实现中文分词，常用的函数如表 4-10 所示。

表 4-10　jieba 模块常用函数

函数	描述
cut(s)	精确模式，返回一个可迭代的数据类型
cut(s, cut_all=True)	全模式，输出文本 s 中所有可能的词语
cut_for_search(s)	搜索引擎模式，适合搜索引擎建立索引的分词结果
lcut(s)	精确模式，返回一个列表类型，建议使用
lcut(s, cut_all=True)	全模式，返回一个列表类型，建议使用
lcut_for_search(s)	搜索引擎模式，返回一个列表类型，建议使用
add_word(w)	向分词词典中增加新词 w

```
>>> import jieba                     #引入 jieba 模块
>>> s="遇到困难请不要放弃，请勇敢面对！"
>>> jieba.lcut(s)                    #精确模式分词
['遇到困难','请','不要','放弃','，','请','勇敢','面对','！']
>>> jieba.lcut(s,cut_all=True)       #全模式分词
['遇到','遇到困难','困难','请','不要','放弃','，','请','勇敢','面对','！']
>>> jieba.lcut_for_search(s)         #搜索引擎模式分词
['遇到','困难','遇到困难','请','不要','放弃','，','请','勇敢','面对','！']
```

4.5　集　　合

　　集合和字典一样是无序、可变的组合数据类型，不能通过编号的方式对元素进行索引和切片，但可以添加和删除元素。集合的特点是其元素类型必须是不可变数据类型，且元素不能重复。由于集合元素的这些特点与字典中的键一样，所以集合可理解为字典中去掉

值后只剩下键的一种数据表现。而且 Python 中的集合类型与数学集合论中所定义的集合一样，可以对集合对象进行并交差补运算。

4.5.1 集合的表示方法

集合的定界符和字典一样都是大括号"{}"，集合元素之间用英文逗号","隔开。集合的元素类型必须是不可变数据类型，即只能是数字型、字符串型或元组，不能是列表、字典和集合，元素不能重复。集合的元素无序，因此会出现同一集合在多次输出显示的时候其显示的元素顺序可能会不同。

1. 零个元素的集合——空集合

格式：set()

说明：{}不能表示空集合，因为字典和集合都是用大括号为定界符，所以规定用{}表示空字典。

```
>>> set()                    #结果是空集合常量
set()
>>> j1=set()                 #定义变量 j1，j1 的值是空集合
>>> j1
set()
>>> type(j1)                 #测试变量 j1 的类型
<class 'set'>
```

2. 一个元素的集合

格式：{元素}

说明：元素只能是不可变数据类型。

```
>>> {"hi"}                   #仅有一个元素的集合常量
{"hi"}
>>> type({"hi"})             #测试常量{"hi"}的类型
<class 'set'>
>>> j2={("A","B")}           #定义变量 j2，值是仅一个元组元素("A","B")的集合
>>> type(j2)                 #测试变量 j2 的类型
<class 'set'>
>>> {[99,88]}                #出错，错误原因是集合的元素不能是列表
Traceback (most recent call last):
    File "<pyshell#5>",line 1,in <module>
        {[99,88]}
TypeError: unhashable type: 'list'
```

3. 多个元素的集合

格式：{元素,元素，…}

说明：每个元素的类型可相同也可不相同，元素不能重复，若在定义时有重复元素则最终只会保留一个。

```
>>> {"apple","pear","banana"}        #有 3 个元素的集合常量
{'apple','pear','banana'}
>>> type({"apple","pear","banana"})   #测试常量类型
<class 'set'>
>>> j3={22,"A",(66,88)}              #定义变量 j3
>>> type(j3)                         #测试变量 j3 类型
<class 'set'>
>>> j4={6,6,8,12,9,8}                #定义变量 j4
>>> j4                               #集合中元素不能重复，所以相同的元素只会保留一个
{8,9,12,6}
```

4. 转换成集合

格式：set(iterable)

说明：iterable 序列可以是字符串、range 函数、元组、列表、字典等，字典转换成集合实际上是字典中的键转换成集合。

```
>>> set((99,66,88))                  #把元组常量转换成集合
{88,66,99}
>>> set(range(4))                    #把 range 函数产生的序列转换成集合
{0,1,2,3}
>>> set({"apple":6,"pear":4})        #把字典常量转换成集合，只保留键
{'apple','pear'}
>>> j5=set("happy!")                 #把字符串常量转换成集合，赋值给变量 j5
>>> print(type(j5),j5)               #输出变量 j5 的类型和变量 j5 的值
<class 'set'> {'!','p','h','a','y'}
```

4.5.2　集合常用操作

集合的操作一般通过常用内置函数及其方法来实现。常用的操作有统计集合元素个数、添加和删除元素等。

1. 常用内置函数

集合的常用内置函数与元组、列表和字典类似。特别要注意的是，集合中没有 reversed 函数。集合常用的内置函数如表 4-11 所示。

表 4-11　集合常用的内置函数

函数	描述
len(j)	返回集合 j 中的元素个数
set([iterable])	将 iterable 序列转换为集合，若无 iterable 则表示空集合
max(j)	返回集合 j 中最大的元素
min(j)	返回集合 j 中最小的元素
sum(j)	返回集合 j 中所有元素的和
sorted(j[,reverse=False])	对集合 j 中所有的元素按升序排列，结果是列表 reverse=True 表示降序，默认为升序

```
>>> j1={"apple","pear","banana"}    #定义集合变量 j1
>>> j2={99,66,88}                    #定义集合变量 j2
>>> len(j1)                          #统计集合 j1 中的元素个数
3
>>> max(j1)                          #集合 j1 中最大的元素
'pear'
>>> min(j2)                          #集合 j2 中最小的元素
66
>>> sorted(j2)                       #集合 j2 中元素按升序排列
[66,88,99]
>>> sum(j2)                          #集合 j2 所有元素求和
253
>>> sum(j1)                          #出错，错误原因是元素是字符串，不能求和
Traceback (most recent call last):
   File "<pyshell#8>",line 1,in <module>
       sum(j1)
TypeError: unsupported operand type(s)for+: 'int' and 'str'
```

2. 元素可变操作和常用方法

集合元素的可变操作有添加和删除元素，这些操作通过集合的常用方法来实现。集合常用方法还有复制集合等。集合常用方法如表 4-12 所示，表中 j 表示集合。

表 4-12　集合常用方法

方法	描述
j.add(x)	添加元素 x 到集合 j 中
j.update(*iterables)	将另外的一个序列或多个序列的元素添加到集合 j 中
j.remove(x)	删除集合 j 中的元素 x，若该元素不在 j 中则程序出错
j.discard(x)	删除集合 j 中的元素 x，若该元素不在 j 中则什么都不做
j.pop()	删除集合 j 中一个元素，返回值为这个元素
j.clear()	删除集合 j 中所有元素
j.copy()	复制集合 j

1）添加元素

集合中添加元素有 add 方法和 update 方法。add 方法一次添加一个元素；update 方法是把一个序列或多个序列的所有元素添加到当前集合中，可以一次添加多个元素，此方法中可以有多个参数，但每个参数必须是序列，序列可以是字符串、range 函数、列表、字典、集合等，若参数是字典则添加的是字典的键。

```
>>> j1={"apple","pear","banana"}    #定义一个集合变量 j1
>>> t1=("orange","tomato")          #定义一个元组 t1
>>> j1.add("mango")                  #集合 j1 添加一个元素
>>> j1
{'apple','pear','mango','banana'}
>>> j1.update(t1)                    #集合 j1 添加元组 t1 的所有元素
```

```
>>> j1
{'banana','apple','tomato','pear','orange','mango'}
>>> j2={99,66,88}                    #定义一个集合变量j2
>>> j2.update([55,77],range(3))      #集合j2添加update的两个序列参数中的所有元素
>>> j2
{0,1,66,99,2,77,55,88}
>>> j2.update(99)                    #出错，错误原因是参数 99 不是序列
Traceback (most recent call last):
    File "<pyshell#10>",line 1,in <module>
        j2.update(99)
TypeError: 'int' object is not iterable
```

2）删除元素

集合中删除元素的方法有 pop 方法、remove 方法、discard 方法和 clear 方法。pop 方法是删除一个元素并返回此元素；remove 方法和 discard 方法都是指定元素来删除，没有返回值，区别在于若元素不存在，用 remove 方法会出错，而用 discard 方法则是无反应；clear 方法是删除集合中的所有元素。

```
>>> j1={'apple','pear','mango','banana'}  #定义集合变量 j1
>>> j1.pop()                    #删除集合 j1 中的一个元素，返回其删除的元素
'apple'
>>> j1                          #显示集合 j1
{'pear','mango','banana'}
>>> j1.discard("mango")         #删除集合 j1 中的元素"mango"
>>> j1.remove("pear")           #删除集合 j1 中的元素"pear"
>>> j1
{'banana'}
>>> j1.clear()                  #删除集合 j1 中的所有元素
>>> j1
set()
>>> j1.discard("apple")         #元素"apple"不存在，discard 方法是无反应
>>> j1.remove("apple")          #出错，错误原因是元素"apple"不存在，remove 方法会出错
Traceback (most recent call last):
    File "<pyshell#10>",line 1,in <module>
        j1.remove("apple")
KeyError: 'apple'
```

3）集合的复制

集合的复制方法是 copy 方法，规则与列表、字典的 copy 方法相同，也是通过 copy 方法得到一个与原集合一样的新集合。直接把一个集合变量赋值给另一个集合变量的方式不是复制，而是相当于给这个集合取了个别名，这两个集合变量表示的是同一个集合，其内存地址一样。

```
>>> j1={"apple","pear","banana"}   #定义集合变量 j1
>>> j2=j1.copy()                    #复制集合 j1 给 j2，j1 和 j2 是两个单独的集合
>>> id(j1)==id(j2)                  #集合 j1 和集合 j2 的内存地址不一样
False
```

```
>>> j2
{'apple','pear','banana'}
>>> j2.add("orange")                    #集合 j2 添加一个元素
>>> j2
{'apple','orange','pear','banana'}
>>> j1==j2                              #集合 j1 和集合 2 相同吗
False
>>> j3=j1                              #集合 j1 赋值给变量 j3，j1 和 j3 是同一个集合
>>> id(j1)==id(j3)                     #集合 j1 和集合 j3 的内存地址一样
True
>>> j3.remove("apple")                #集合 j3 删除元素"apple"
>>> j1                                #j1 和 j3 是同一集合，j3 变导致 j1 也变
{'pear','banana'}
```

3. 删除集合的 del 语句

格式：del 集合变量[,集合变量, …]

说明：可一次删除一个集合，也可一次删除多个集合。

```
>>> j1={"apple","pear","banana"}       #定义集合变量 j1
>>> j2={99,66,88}                      #定义集合变量 j2
>>> j3={22,"A",(66,88)}                #定义集合变量 j3
>>> del j1                            #删除集合 j1
>>> j1                                #显示出错，错误原因是没有集合变量 j1
Traceback (most recent call last):
    File "<pyshell#5>",line 1,in <module>
        j1
NameError: name 'j1' is not defined
>>> del j2,j3                          #删除集合 j2 和 j3
>>> j2                                #显示出错，错误原因是没有集合变量 j2
Traceback (most recent call last):
    File "<pyshell#7>",line 1,in <module>
        j2
NameError: name 'j2' is not defined
```

4.5.3 集合的运算

集合的运算有成员运算和关系运算，还有数学意义的集合运算并、交、差、补，集合运算中还有增强型并、交、差、补。集合适用的运算及其规则如表 4-13 所示。

表 4-13 集合适用的运算

运算	描述
成员运算：in、not in	判断数据是否是集合中的元素
A==B 或 A!=B	返回 True/False，判断 A 和 B 的相同关系
A<=B 或 A<B	返回 True/False，判断 A 和 B 的子集关系
A>=B 或 A>B	返回 True/False，判断 A 和 B 的包含关系
A|B	并，返回一个新集合，包括在集合 A 和 B 中的所有元素

续表

运算	描述
A & B	交，返回一个新集合，包括同时在集合 A 和 B 中的元素
A-B	差，返回一个新集合，包括在集合 A 中但不在 B 中的元素
A ^ B	补，返回一个新集合，包括集合 A 和 B 中的非相同元素
A |= B 相当于 A=A | B	增强型并，更新集合 A，包括在集合 A 和 B 中的所有元素
A &= B 相当于 A=A & B	增强型交，更新集合 A，包括同时在集合 A 和 B 中的元素
A-= B 相当于 A=A-B	增强型差，更新集合 A，包括在集合 A 中但不在 B 中的元素
A ^= B 相当于 A=A ^ B	增强型补，更新集合 A，包括集合 A 和 B 中的非相同元素

1. 成员运算

集合的成员运算是对元素的判断，即元素在不在集合中，运算结果是布尔型。

```
>>> j1={"apple","pear","banana"}    #定义集合变量j1
>>> "apple" in j1                   #字符串"apple"是集合j1中的元素吗
True
>>> 66 in j1                        #数字66是集合j1中的元素吗
False
>>> "orange" not in j1              #字符串"orange"不是集合j1中的元素吗
True
```

2. 关系运算

集合之间进行关系运算时，大于、大于等于测试的是包含关系；小于、小于等于测试的是子集关系；等于、不等于测试的是相同与不同的关系。

```
>>> j1={"apple","pear","banana"}    #定义集合变量j1
>>> j2={99,66,88}                   #定义集合变量j2
>>> j3={"apple","banana"}           #定义集合变量j3
>>> j4=j2.copy()                    #集合j2复制给j4
>>> j1>j3                           #集合j1包含集合j3吗
True
>>> j2==j3                          #集合j2和集合j3相同吗
False
>>> j2<=j1                          #集合j2是集合j1的子集吗
False
>>> j2!=j4                          #集合j2和集合j4不同吗
False
```

3. 并交差补运算

并运算的结果是两集合的所有元素，交运算的结果是两集合相同的元素，差运算的结果是第 1 个集合去掉两集合相同的元素后剩下的元素，补运算的结果是两集合所有元素去掉两集合相同的元素后剩下的元素。

```
>>> j1={"apple","pear","banana"}      #定义集合变量 j1
>>> j2={"apple","banana","mango"}     #定义集合变量 j2
>>> j1|j2      #并运算
{'pear','banana','apple','mango'}
>>> j1&j2       #交运算
{'apple','banana'}
>>> j1-j2      #差运算
{'pear'}
>>> j1^j2       #补运算
{'pear','mango'}
```

4. 增强型并交差补运算

```
>>> j1={"apple","pear","banana"}   #定义集合变量 j1
>>> j2={"apple","banana","mango"} #定义集合变量 j2
>>> j1|=j2                          #增强型并运算，更新集合 j1，相当于 j1=j1|j2
>>> j1
{'pear','banana','apple','mango'}
>>> j2&=j1                          #增强型交运算，更新集合 j2，相当于 j2=j2&j1
>>> j2
{'apple','mango','banana'}
>>> j1-=j2                          #增强型差运算，更新集合 j1，相当于 j1=j1-j2
>>> j1
{'pear'}
>>> j2^=j1                          #增强型补运算，更新集合 j2，相当于 j2=j2^j1
>>> j2
{'apple','pear','mango','banana'}
```

4.5.4 集合的遍历

集合的遍历通过 for 循环实现。

格式:

      for 变量 in 集合变量或集合常量:
        语句块

说明：依次把集合的每个元素赋给变量进行语句块的操作。

```
>>> j1={"apple","pear","banana"}   #定义集合变量 j1
>>> for i in j1:                    #集合 j1 遍历，依次把每个元素赋给变量 i
        print(i,end=" ")
apple pear banana
>>> for i in j1:
        print(len(i),end=" ")
5 4 6
```

4.5.5　集合应用实例

集合主要用来进行关系测试和消除重复元素。

【例 4-8】　随机产生 20 个 10～100 的整数，统计每位上数字都相同的数字个数并输出这些数字。

问题分析：随机需用 random 模块，对随机产生的整数转成字符串类型后再转成集合，集合的长度是 1 说明每位上的数字都相同。

参考代码：

```
1. import random as r
2. j1=set()
3. j2=set()
4. for i in range(20):          #循环功能是产生 20 个随机整数存入集合 j1 中
5.     j1.add(r.randint(10,100))
6. for i in j1:                 #循环功能是把每位上数字都相同的整数存入集合 j2 中
7.     if len(set(str(i)))==1:
8.         j2.add(i)
9. print("随机整数{}中有{}个每位数字都相同的整数，分别是".format(j1,len(j2),j2))
```

运行结果：

```
随机整数{11,12,25,27,31,34,35,36,43,45,55,57,66,69,74,77,79,80,90,92}中
有 4 个每位数字都相同的整数，分别是{66,11,77,55}
```

问题拓展：若把题目换成随机产生 20 个 10～100 的整数，统计出每位上数字都不相同的数字个数并输出这些数字，程序该如何编写？

【例 4-9】　任意输入一段英文文章，统计文章中有多少个不同的英文单词。

问题分析：首先对输入的英文文章分词，实现分词的方法是字符串的 split 方法；接着将列表转换成集合去重；最后输出不同的英文单词个数。

参考代码：

```
1. import string
2. s=input("请任意输入一段英文文章: ")
3. x=s
4. for i in string.punctuation:
5.                             #循环功能是把字符串变量 x 中的所有英文标点替换为空格
6.     x=x.replace(i,' ')
7. j=set(x.split())            #把单词列表转换成集合，功能是去除重复元素
8. print('"{}"中的不同单词个数是{}个'.format(s,len(j)))
```

运行结果：

```
请任意输入一段英文文章: Get up early,wake up late.
"Get up early,wake up late."中的不同单词个数是 5 个
```

问题拓展：若把题目改成任意输入一段中文文章，统计文章中有多少个不同的中文词语，程序该如何编写？

本 章 小 结

　　本章从组合数据类型概念开始介绍，并从有序和无序、可变和不可变两个方面对组合数据类型进行阐述；接着对元组、列表、字典和集合分别从其表示方式、常用操作、运算和遍历等方面进行详细介绍。

　　各组合数据类型特点是：元组是有序、不可变类型，可通过编号进行索引和切片，元素可相同，元素不可变；列表是有序、可变类型，可通过编号进行索引和切片，元素可相同，元素可变；字典是无序、可变类型，元素是键值对，可通过键进行索引，元素不可相同，元素可变；集合是无序、可变类型，元素不可相同，元素可变，可进行并交差补运算。

习　　题

　　1. 编程实现：把多行文本《长歌行》变成软文风格的样式输出。软文风格指的是一句话就是一行，没有标点符号。

原文如下：

长歌行

青青园中葵，朝露待日晞。

阳春布德泽，万物生光辉。

常恐秋节至，焜黄华叶衰。

百川东到海，何时复西归。

少壮不努力，老大徒伤悲。

运行结果参考如下：

```
长歌行
青青园中葵
朝露待日晞
阳春布德泽
万物生光辉
常恐秋节至
焜黄华叶衰
百川东到海
何时复西归
少壮不努力
老大徒伤悲
```

　　2. 编程实现：随机抽取午餐食谱。荤菜(清蒸鱼、回锅肉、红烧兔、鱼香肉丝、干煸肥肠、土豆烧牛肉、粉蒸排骨、小炒肉、酱肉丝)，素菜(炒时蔬、麻婆豆腐、干煸苦瓜、白油丝瓜、地三鲜、芹菜豆干、清汤娃娃菜)，汤(酸菜粉丝汤、玉米萝卜骨头汤、紫菜蛋花汤、青菜豆腐汤、三鲜汤、白菜圆子汤)。

运行结果参考如下：

```
请输入你需要的午餐食谱搭配(111 代表 1 荤 1 素 1 汤，最大搭配为 976)：221
今天的午餐食谱是：['清蒸鱼','酱肉丝','炒时蔬','干煸苦瓜','青菜豆腐汤']
```

3．编程实现：随机产生 10 个 100 以内的正整数，找出差值相差最小的两个整数。

运行结果参考如下：

```
10 个 100 以内的随机正整数是：[45,25,56,40,87,92,54,24,53,97]
差值最小的两个数是：[(54,53),(25,24)]，其差是 1
```

4．编程实现：任意输入一段英文，统计输出最长的单词及其长度。

运行结果参考如下：

```
请输入一段英文：You are my best friend!Best wishes for you!
最长的英文单词是['friend','wishes']，长度是 6
```

5．编程实现：随机产生 10 个 1~10 的正整数，求出不同的数字个数并对其求和。

运行结果参考如下：

```
随机整数有 6 个不同的整数，分别是{1,3,4,5,6,8}，其和是 27
```

第 5 章

函 数

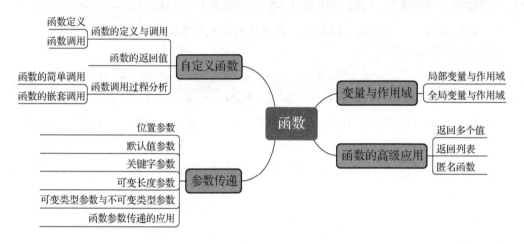

前面几章中，我们学习并使用了一些 Python 中已经定义好的内置函数，这些函数的功能是固定的，我们无法修改其功能。仅仅使用系统的内置函数是无法满足程序中的所有功能需求的，有时还需要一些通用性好且具有一定特别功能的函数，即是本章要学习的自定义函数。

本章主要介绍函数的定义、返回值、调用、参数传递、变量作用域和匿名函数。

5.1 自定义函数

5.1.1 函数的定义与调用

1. 函数定义

在 Python 中，函数要先定义后使用。定义一个函数，要遵循特定的语法格式。

格式：

        def 函数名(参数 1,参数 2, …):
            函数体语句块
            [return [表达式 1[,表达式 2[, …]]]]

说明：

(1) "[]"表示该项为可选项。

(2) def 为定义函数的关键字，不可缺少。

(3)函数名为符合命名规则的标识符，由用户自定义。

(4)函数名后紧跟一对圆括号"()"，其中可以有若干个参数，参数间用","分隔；也可以没有参数。这里的参数称为形式参数，简称为形参。

(5)冒号":"表示函数体的开始，不可缺少。

(6)函数体中的语句要缩进，但要注意缩进的一致，即左对齐。

(7)return 语句为可选项，其作用是：函数执行到 return 语句时，停止本函数的执行，并返回到调用程序；其中的表达式也可以是具体值。在 Python 中，一条 return 语句可以同时返回 0 到多个值。

如下两行语句定义了一个只有一条输出语句的简单函数。

```
1. def firstFun():
2.     print("hello python world")
```

2. 函数调用

当我们在任务中每次需要完成某一步的功能时，如果已有该功能函数的定义，则只需要调用一次对应的函数即可。

格式：函数名(实参 1, 实参 2,…)

说明：

(1)函数名是已经定义的函数名。

(2)圆括号中是参数列表，可以有若干个参数，用逗号","分隔，也可以没有参数。这里的参数称为实际参数，简称为实参。

下例是对已经定义过的 myinput 函数的调用。

```
>>> def myinput():          #定义一个函数，获取用户输入值并输出显示该值
        num=input("请输入一个整数：")
        print("您输入的数是：{}".format(num))
        #函数定义结束，按快捷键Ctrl+Enter返回交互模式
>>> myinput()               #调用myinput函数
请输入一个整数：5
您输入的数是：5
```

要先对 myinput()函数进行定义，才能对其进行调用。该程序执行过程：首先执行函数调用语句 myinput()，然后转到函数 myinput 的定义处开始执行函数体语句，获取输入并输出；函数体语句执行完后，本次函数调用结束，回到函数调用语句处：myinput()，程序运行结束。函数定义用来说明函数的参数、功能及返回值，如果函数没有被调用，函数就不会被执行。

【例 5-1】　定义一个函数，计算 1～100 所有整数的和并输出结果。

问题分析：按题目要求，通过函数来计算 1 到 100 的整数和，运用函数定义、调用的相关知识即可实现。其中定义函数时对应的求和功能实现思路如图 5-1 所示。

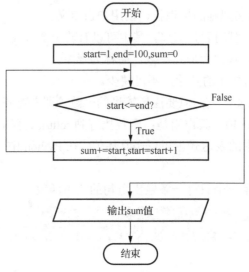

图 5-1 　求和计算流程图

参考代码：

```
1.  #函数定义
2.  def calSum():
3.      start=1                #设置起始值为1，即从1开始累加
4.      end=100                #设置结束值为100，即累加到100结束
5.      sum=0                  #累加和，初始化为0
6.      while start<=end:      #循环条件为start的值不大于100
7.          sum+=start         #将当前循环变量start的值累加到sum中
8.          start+=1           #start值加1，为下一次循环(累加下一个数)做准备
9.      print("1+2+…+100={}".format(sum)) #输出sum的值(总和)
10. calSum()                   #调用calSum函数
```

运行结果：

```
1+2+…+100=5050
```

凡是需要计算 1～100 的和并输出结果的地方都可以调用 calSum 函数，即可达到一次定义、多次使用的目的。程序首先执行第 10 行的函数调用语句，转而执行第 2 行开始的函数体语句，第 9 行执行完后，函数调用过程结束，回到第 10 行结束程序运行。

问题拓展：定义一个函数，实现九九乘法表的输出，并调用该函数。

5.1.2 　函数的返回值

在生活中，我们做某一件事后，常常要把做事的结果反馈给上级，以供上级做出决定。程序中，也常常需要这样做，在一个函数结束运行前，要返回一个值给调用程序，调用程序根据被调用函数的返回值做出相应的处理。

Python 中，函数的返回值是通过 return 语句完成的。

格式：return [表达式 1[,表达式 2[, …]]]

说明：

(1) "[]"表示该项为可选项。

(2) 使用 return 语句结束当前函数的执行，返回到调用程序。

(3) 在一条 return 语句中可返回 0 到多个值给调用程序。

(4) 一个函数中若无 return 语句，则无返回值，函数结果为 None。

(5) 一个函数中若有 return 语句，且有返回值的表达式，则有返回值，函数结果就是表达式的值。

(6) 一个函数中若有 return 语句，但是无表达式，则无返回值，函数结果为 None。

函数返回值有以下两个常用用法。

1. return 结束函数执行

此种用法常用于函数需要在某个位置结束执行，但不需要返回数据给调用程序时。例如：

```
>>> def f2():
        a=1
        b=2
        print("{}*{}={}".format(a,b,a*b))
        return                                #此处结束函数的执行，返回
        print("{}+{}={}".format(a,b,a+b))    #该语句不会得到执行
        #函数定义结束，按快捷键 Ctrl+Enter 返回交互模式
>>> f2()
1*2=2
```

2. return 结束函数执行并返回值

在函数需要将值返回给调用程序的地方使用此种方式，调用程序可以用一个变量接收该返回值，这是较为常用的一种返回方式。例如：

```
>>> def f3():
        a=1
        b=2
        ret=a*b
        return ret       #函数定义结束，按快捷键 Ctrl+Enter 返回交互模式
>>> res=f3()             #调用 f3 函数，变量 res 用于接收 f3 函数的返回值
>>> print(res)           #输出 res 的值
2
```

【例 5-2】 定义一个函数，计算 1～100 的和，将计算结果返回。

问题分析：例题要求通过函数返回计算结果，使用 return 语句将 1～100 的和返回。

参考代码：

```
1.  #函数定义
2.  def getSum():
3.      start=1            #设置起始值为1，即从1开始累加
4.      end=100            #设置结束值为100，即累加到100结束
5.      sum=0              #总和，初始化为0
6.      while start<=end:  #循环条件为 start 的值不大于100
7.          sum+=start     #将当前循环变量 start 的值累加到 sum 中
8.          start+=1       #start 值加1，为下一次循环，即累加下一个数做准备
```

```
9.      return sum            #循环结束, 返回 sum 的值
10. res=getSum()             #调用 getSum 函数, res 接收函数返回值
11. print("1+2+…+100={}".format(res))    #输出 res 的值
```

运行结果：

```
1+2+…+100=5050
```

问题拓展：求 5 的阶乘，将结果返回。

5.1.3　函数调用过程分析

发生函数调用时，系统要暂停当前程序的执行，转去执行被调用函数。被调用函数执行完毕后，再返回到之前暂停的位置，接着执行当前程序。

函数调用的过程主要包括如下几步：

(1)保存当前程序的上下文，暂停当前语句的执行。典型的上下文就是函数的局部变量，需要保存当前值，以便被调用函数执行完毕后继续当前程序的执行。

(2)传递参数，转去执行被调用函数。

(3)被调用函数执行完后，返回到调用程序。

(4)重新加载当前程序的上下文，继续执行被暂停的语句。

1. 函数的简单调用

大多数时候，一个函数的函数体比较简单，其中不会再调用其他函数，本函数执行结束即返回到调用处。

以下是一个函数简单调用的示例：

```
1. def myadd(x,y):
2.      return x+y
3. px=5
4. py=6
5. res=myadd(px,py)    #调用函数 myadd, 并用变量 res 接收函数的返回值
6. print(res)          #输出变量 res 的值
```

简单函数调用过程如图 5-2 所示。

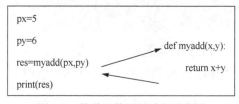

图 5-2　简单函数调用过程示意图

以上函数调用的执行过程：程序依次执行第 3、4 行的变量定义与初始化语句，当执行到第 5 行的函数调用语句 res=myadd(px,py) 时，暂停当前程序后续语句的执行，保存其上下文变量 px、py 和 res 的值，将实参 px 和 py 的值传递给形参 x 和 y,转去执行 myadd 函数。myadd 函数完成加法运算后，返回计算结果给调用程序中的变量 res 接收，同时 myadd 函数结束运行。回到调用程序，重新加载上下文变量 px、py 和 res，继续执行后续语句 print(res)，输出运算结果。

2. 函数的嵌套调用

函数的嵌套调用就是在被调用函数里再调用其他的函数。结合以下函数嵌套调用的示例，分析其执行过程。

```
1.  def funA():
2.      a1=1
3.      a2=11
4.      funB(a2)       #调用函数 funB
5.      print("a1={},a2={}".format(a1,a2))
6.  def funB(x):
7.      b1=2
8.      b2=22
9.      funC(b2)       #调用函数 funC
10.     print("b1={},b2={},x={}".format(b1,b2,x))
11. def funC(y):
12.     c1=3
13.     c2=33
14.     funD(c2)       #调用函数 funD
15.     print("c1={},c2={},y={}".format(c1,c2,y))
16. def funD(z):
17.     d=4
18.     print("d={},z={}".format(d,z))
19. funA()             #调用函数 funA
```

上述函数调用过程如图 5-3 所示。

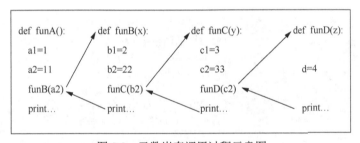

图 5-3　函数嵌套调用过程示意图

以上函数调用的执行过程：funA 函数执行到语句 funB(a2)时，保存 funA 函数的上下文变量 a1 和 a2 的值、暂停 funA 函数后续语句的执行，传递实参 a2 的值给形参 x，转去执行 funB 函数。同样的，funB 函数执行到调用语句 funC(b2)时，保存 funB 函数的上下文变量 b1 和 b2 的值，暂停 funB 函数后续语句的执行，传递实参 b2 的值给形参 y，转去执行 funC 函数。依此类推，依次调用 funC 函数和 funD 函数。funD 函数执行完毕后，返回到 funC 函数中，重新加载 funC 函数的上下文，即变量 c1 和 c2 的值，接着执行 funC 函数中后续语句；当 funC 函数执行完毕后，同样的过程返回到 funB 函数，再返回到 funA 函数；funA 函数中后续语句执行完毕后，整个调用执行过程结束。

5.2　参　数　传　递

一个好的函数应该具有较高的灵活性和通用性，从而达到复用的目的。在 Python 中，函数的参数就起到了这样一个作用，使用参数可以使函数具有较好的灵活性和通用性。

5.2.1 位置参数

位置参数法是最为常用的一种参数传递方法，用法也较为简单。在参数传递过程中，实参按照位置顺序传递给对应的形参。其格式如下。

函数定义：def 函数名(形参1, 形参2, ..., 形参n)：

函数调用：函数名(实参1, 实参2, …, 实参n)

说明：

(1)要求函数调用时实参个数要与形参个数相同。

(2)对应参数的顺序要一致。要传递给形参1的实参只能放在实参1的位置，要传递给形参2的实参只能放在实参2的位置，依此类推，如图5-4所示。

图 5-4 位置参数传递示意图

【例 5-3】 设计一个函数，能够计算任意给出的两个整数 s 和 e(s<=e)之间所有整数之和，并返回计算结果。

问题分析：例题要求函数能够根据任意的 s 和 e 计算并返回结果，这就需要让 s 和 e 作为函数参数来接收传递过来的值，并且需要在函数中使用 return 语句将计算结果返回给调用程序。

参考代码：

```
1.  #函数定义
2.  def mysum(s,e):           #带参数的函数定义
3.      sum=0                 #sum 变量初始化为 0
4.      while s<=e:           #while 循环及其循环条件 s<=e
5.          sum+=s            #sum 的值加上循环变量 s 的当前值
6.          s+=1              #s 的值加 1，为下一次循环做准备
7.      return sum            #返回 sum 的值，即从 s 到 e 的总和
8.  start=1
9.  end=100
10. #调用 mysum 函数时，将实参 start 传递给形参 s，实参 end 传递给形参 e
11. res=mysum(start,end)
12. print("1+2+…+100={}".format(res))
13. #调用 mysum 函数时，将实参 1 传递给形参 s，实参 100 传递给形参 e
14. res=mysum(1,100)
15. print("1+2+…+100={}".format(res))
```

运行结果：

```
1+2+…+100=5050
1+2+…+100=5050
```

问题拓展：求 1!+2!+…+n!，要求有一个函数用于求任意一个自然数的阶乘，能够返回结果给调用程序。

5.2.2 默认值参数

有些时候，函数的参数如果在大多数时候都是相同的值，则可以为其设置默认值。使用默认值参数，既可以简化函数调用，又可以减少函数调用时的错误。

格式：def 函数名(形参 1[=默认值 1], 形参 2[=默认值 2], …, 形参 n[=默认值 n]):

说明：

(1)"[]"表示该项为可选项。

(2)在形参处给出默认值。

(3)形参默认值的设置应当遵循由后向前的顺序设置，即不能不设置后面的形参的默认值，却设置前面的形参的默认值。

(4)调用带默认值参数的函数时，可以不给默认值参数传递实参。若是没有传递实参，则使用定义时的默认值；若是传递了实参，则使用传递的实参值。

【例 5-4】 设计一个函数，能够计算任意给出的两个整数 s 和 e(s<=e)之间(包括 s 和 e)所有整数之和。如果未给出第 1 个整数 s，则使用默认值 1；如果未给出第 2 个整数 e，则使用默认值 100。

问题分析：根据题意，函数需要两个参数，并且均需要指定默认值，最后函数返回两个参数之间的所有整数之和。

参考代码：

```
1.  #函数定义
2.  def sum_default(s=1,e=100): #给形参 s 设置默认值为 1，形参 e 设置默认值为 100
3.      sum=0                   #sum 变量初始化为 0
4.      while s<=e:             #while 循环及其循环条件 s<=e
5.          sum+=s             #sum 的值加上循环变量 s 的当前值
6.          s+=1               #s 的值加 1，为下一次循环做准备
7.      return sum             #返回 sum 的值，即从 s 到 e 的总和
8.  st=2
9.  ed=101
10. #调用函数，未给出实参，则参数分别使用默认值 1 和 100
11. res=sum_default()          #变量 res 接收函数返回值
12. print(res)
13. #调用函数，将实参 st 的值 2 传递给形参 s，实参 ed 的值 101 传递给形参 e
14. res=sum_default(st,ed)     #变量 res 接收函数返回值
15. print("{}+{}+…+{}={}".format(st,st+1,ed,res))
```

运行结果：

```
5050
2+3+…+101=5150
```

问题拓展：定义一个函数，用于设置某个班级中任一同学的年龄，年龄默认为 18 岁。

5.2.3 关键字参数

在 Python 中，解释器可以根据参数名找到传递过来的参数值，函数调用时按形参的名字传递实参，即为关键字参数。使用关键字参数可以更灵活地传递参数，不要求实参与形参的顺序一致。其格式如下。

函数定义：def 函数名(形参 1, 形参 2, …, 形参 n):

函数调用：函数名(形参 1=实参 1, 形参 2=实参 2, …, 形参 n=实参 n);

说明：

(1)关键字参数法传递参数时，要求实参个数与形参个数一致。

(2)通过形参名指定要为哪个形参传递值。

(3)实参顺序可以不与形参顺序对应。

如下是一个使用关键字参数法进行函数调用的示例：

```
>>> #函数定义
>>> def show(x,y,z):          #定义一个函数，输出 x、y、z 的值
        print("x={},y={},z={}".format(x,y,z))
        #函数定义结束，按快捷键 Ctrl+Enter 返回交互模式
>>> a=1,b=2,c=3
>>> show(y=b,z=c,x=a)          #函数调用，使用关键字参数法传递参数给 show 函数
x=1,y=2,z=3
```

从结果可以看出，关键字参数法传递参数时，虽然将参数的顺序打乱了，但是依然可以正确地将 a 的值传递给参数 x、b 的值传递给参数 y、c 的值传递给参数 z。可见，关键字参数法给函数的调用带来了更大的灵活性。

对于例 5-4 也可以使用关键字参数法进行函数的调用，例如：

```
>>> st=2
>>> ed=101
>>> print("{}+{}+…+{}={}".format(st,st+1,ed,sum_default(e=ed,s=st)))
2+3+…+101=5150
```

【例 5-5】　定义一个函数，可以完成任意两个有理数的四则运算，并返回运算结果。

问题分析：根据题意，需要 3 个参数分别代表运算符、左操作数和右操作数。为了参数传递时具有更高的灵活性，使用关键字参数。实现思路：先判断运算符是什么，根据不同的运算符，进行不同的操作，返回运算结果。

参考代码：

```
1.  #函数定义
2.  def mymath(ope,x,y):
3.      if ope=="+":
4.          return x+y
5.      elif ope=="-":
6.          return x-y
7.      elif ope=="*":
8.          return x*y
9.      elif ope=="/":
10.         return x/y
11.     else:
12.         return -1000000
13. res=mymath(y=2,ope="+",x=1)     #调用函数 mymath，使用关键字参数法传递实参
14. print(res)
15. res=mymath(x=1,y=2,ope="*")     #调用函数 mymath，使用关键字参数法传递实参
16. print(res)
```

运行结果：

```
3
2
```

问题拓展：定义一个函数，使用关键字参数，获取并输出班长、学习委员或辅导员的姓名。

5.2.4　可变长度参数

有时候被调用函数需要传入的参数个数是不固定的，这个时候就需要使用可变长度参数。

格式：def　　函数名([形参 1，形参 2，…,]*形参 n):

说明：

(1)"[]"表示该项为可选项。

(2)声明一个参数为可变长度参数需要在变量名前用"*"表示。

(3)可变长度参数可以看成系统根据实参个数自动生成一个元组。

(4)可变长度参数只能是参数列表中最后一个参数。

可变长度参数的简单函数的定义与调用的示例如下：

```
#函数定义
>>> def getargs(com_arg1,*var_args):
        print("com_arg1={}".format(com_arg1)) #输出普通参数 com_arg1 的值
        print("var_args:")                     #提示信息
        for v in var_args:                     #取出 var_args 中的每一个参数
            print(v)                           #输出 v 的值
#函数定义结束，按快捷键 Ctrl+Enter 返回交互模式
>>> getargs("张三","高等数学","大学语文")
com_arg1=张三
var_args:
高等数学
大学语文
```

【例 5-6】　自定义一个函数，该函数能够实现任意多个数的连续加法或连续乘法运算，并返回运算结果。

问题分析：根据题意，需要一个字符串类型参数用于传递操作符，操作数个数不定，故需要一个变长参数。实现思路：如果操作符不是"+"或"*"，则返回一个较大的负数-1000000，表示操作符错误；根据操作符的类型完成累加和或累乘积，二者均通过循环结构实现。

参考代码：

```
1.  #函数定义
2.  def acc(ope,*nums):
3.      if ope=="+":
4.          sum=0
5.          for i in nums:
```

```
6.              sum=sum+i
7.          return sum
8.      elif ope=="*":
9.          ac=1
10.         for j in nums:
11.             ac*=j
12.         return ac
13.     else:
14.         return -1000000
15. #调用函数 acc, 实参"+"传递给形参 ope, 其余实参传递给形参 nums
16. print(acc("+",1,2,3,4,5))
17. #调用函数 acc, 实参"*"传递给形参 ope, 其余实参传递给形参 nums
18. print(acc("*",1,2,3,4))
```

运行结果:

```
15
24
```

问题拓展: 编写一个函数, 可以接收任意多个整数, 并可以根据要求获取其中的最大值或最小值, 并能够将该最大值或最小值返回给调用程序。

5.2.5　可变类型参数与不可变类型参数

通过前面对数据类型的学习, 我们知道, 在 Python 中, 从值是否可修改的角度分, 数据类型分为两类: 可变类型和不可变类型。可变数据类型与不可变数据类型在作为函数参数时, 用法略有不同。

1. 不可变类型参数

不可变类型作为参数时, 形参是实参的一个副本, 在被调用函数中, 形参的值被修改后, 实参的值并不会被修改。对于不可变类型参数, 只能通过形参获取实参的值。

2. 可变类型参数

可变数据类型作为参数时, 既可以读取实参变量中的值, 也可以通过形参变量修改实参变量中的值。

【例 5-7】　自定义两个函数, 分别用于读取用户姓名、年龄信息, 以及根据用户名修改年龄信息。

问题分析: 根据题意, 设计两个函数: getInfoes 函数用于读取信息; setInfoes 函数用于修改年龄。getInfoes 函数需要两个参数, 分别用于接收姓名和年龄, 且两个参数为不可变数据类型; setInfoes 函数需要传递一个可变数据类型参数, 如字典或列表, 本例中使用字典类型变量。

参考代码:

```
1.  #函数定义
2.  def getInfoes(name,age):
3.      print("my name is:{},my age is:{}".format(name,age))
4.  def setInfoes(nameage,name,age):
```

```
5.        print("修改前, {}的年龄是: {}".format(name,nameage[name]))
6.        nameage[name]=age
7.        print("修改后, {}的年龄是: {}".format(name,nameage[name]))
8.  sname="zhangsan"
9.  sage=18
10. sinfoes={'zhangsan':18,'lisi':19,'wangwu':18}        #定义一个字典变量
11. getInfoes(sname,sage)          #调用函数 getInfoes
12. setInfoes(sinfoes,'lisi',22)
13.                                #调用函数 setInfoes, 修改字典变量 sinfoes 的值
14. print("修改后, lisi 的年龄是: {}".format(sinfoes['lisi']))
```

运行结果:

```
my name is:zhangsan,my age is:18
修改前, lisi 的年龄是: 19
修改后, lisi 的年龄是: 22
修改后, lisi 的年龄是: 22
```

问题拓展: 假定每个同学有若干门课的成绩, 定义一个函数用于修改任一同学的任意一门课程的成绩。

5.2.6 函数参数传递的应用

【例 5-8】　利用自定义函数, 求出任意两个自然数 m 和 n 之间的所有素数并输出。

问题分析: 根据题意, 将该问题拆分为两个函数比较合适。一个是用于判断任意一个自然数是否为素数的函数 isPrime, 其实现思路如图 5-5 所示; 一个是用于获取并输出所有素数的函数 getAllPrime, 其实现思路如图 5-6 所示。

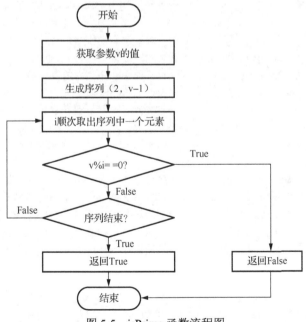

图 5-5　isPrime 函数流程图

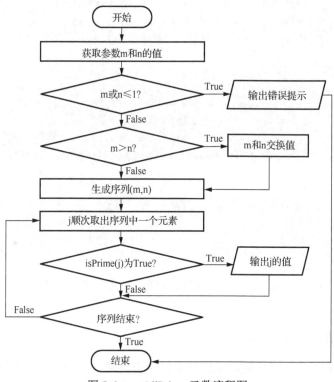

图 5-6　getAllPrime 函数流程图

参考代码：

```
1.  #函数定义
2.  def isPrime(v):              #参数 v 用于传递被判断的自然数
3.      for i in range(2,v):     #只能被 1 和自身整除的自然数为素数
4.          if v%i==0:           #v 对 i 取余操作结果为 0，即 i 为 v 的一个因子
5.              return False     #2 到 v-1 中若有 v 的因子，则返回 False
6.      else: return True        #循环结束，序列内的数均不是 v 的因子，则返回 True
7.  def getAllPrime(m,n):        #参数 m 和 n 用来确定一个区间，该区间包括 m 和 n
8.      if(m<=1 or n<=1):        #首先判断 m 和 n 是否有效
9.          print("m={},n={}为非法数据！".format(m,n))
10.     elif m>n:                #对于 m 和 n 大小顺序相反的情况做值交换的处理
11.         m,n=n,m
12.     for j in range(m,n+1):   #生成 m 到 n 的序列，使用循环结构
13.         ret=isPrime(j);      #若 j 为素数则返回 True，否则返回 False
14.         if ret:              #如果返回值为 True，则输出该值 j
15.             print("{} ".format(j))
16. getAllPrime(10,30)           #调用函数 getAllPrime，传递实参 10 和 30
```

运行结果：

```
11
13
17
```

```
19
23
29
```

问题拓展：找出任意两个整数 m 和 n 之间所有合数并输出。

5.3 变量与作用域

所谓作用域，就是变量的有效范围，即变量可以使用的范围。

Python 中，变量的作用域主要有两种：

(1)局部作用域。局部变量，其有效范围较小，一般局限于函数内。

(2)全局作用域。全局变量，其有效范围较大，默认作用域是整个程序，即全局变量既可以在各个函数的外部使用，也可以在各函数内部使用。

5.3.1 局部变量与作用域

局部变量是指变量的有效范围在应用程序的一个较小范围内的变量。离开这个范围，该变量则变成无效变量，即无法访问。

Python 中，在函数内定义的变量为局部变量，其作用域仅仅在函数范围内，出了这个范围就变得无效了。需要注意的是，只有在第一次出现的时候才是变量定义，后面再出现就是对变量的访问。另外，需要特别指明的是，Python 中函数的形参也是局部变量。

【例 5-9】 定义一个函数，计算任意两个整数 a 和 b(a<b)区间(包含 a 和 b)范围内所有整数的连乘积，并输出结果。

问题分析：根据题意，任意给定区间内整数的连乘需要两个参数 a 和 b，分别用于传递区间起始值和结束值；连乘积的计算需要使用循环结构；观察局部变量的作用域。

参考代码：

```
1.  def mulfun2(a,b):                      #形参 a 和 b 是局部变量
2.      mres=1                             #定义局部变量 mres
3.      print(a,b)                         #形参 a 和 b 在此处是有效的
4.      for v in range(a,b+1):             #定义局部变量 v
5.          mres=mres*v                    #局部变量 mres 和 v 在此处是有效的
6.      print(mres)                        #局部变量 mres 在此处也是有效的
7.      print("v={}".format(v))
8.  #print("v={}".format(v))              #错误用法，局部变量 mres 和 v 在此处是无效的
9.  #print("mres={}".format(mres))
10. #print(a)                             #错误用法，局部变量 a 在此处是无效的
11. mulfun2(3,5)
```

如果删除第 8、9 和 10 行的注释符号"#"，程序会在编译时报错，因为局部变量 mres、v 和 a 仅在函数内部有效，函数运行结束后局部变量会被释放，不复存在，即局部变量的作用域为从定义开始到所在函数结束。

运行结果：

```
60
v=5
```

问题拓展：找出任意两个整数 m 和 n 之间所有能被 17 整除的数并输出。

5.3.2　全局变量与作用域

全局变量是指在程序中所有函数外定义的变量，全局变量的作用域是所在的整个程序，既可以在函数中访问，也可以在函数外访问。

全局变量的应用方式：

(1)函数外定义。在程序中所有函数外的任意位置皆可直接定义全局变量。

(2)函数内声明。在 Python 的语句块，如函数中，访问全局变量时需要先声明后访问，声明的语法格式：global 变量名。具体又可细分为两种用法：

① 全局变量已在函数外定义，声明本函数后续访问的该变量为全局变量。

② 声明本函数内定义的新变量(不存在已经定义的同名全局变量)为全局变量，此种情况需要注意的是，需要本函数执行过后，此函数内使用 global 声明的新全局变量才有效，才可以在后续各处访问，否则无法访问。例如：

```
>>> def testLocal():
        global abcd
        abcd=1.234
>>> testLocal()
>>> print("abcd={}".format(abcd))
abcd=1.234
```

本例中，如果没有先执行对 testLocal 函数的调用，则 print 语句将会报错，因为此时 abcd 这个全局变量还不存在。

注意：使用 global 声明全局变量时不能同时进行赋值，声明后才可以读取或修改该全局变量的值。

【例 5-10】　定义两个函数，分别计算任意一个圆的面积和周长。

问题分析：根据题意，定义一个全局变量 PI。用于计算圆面积和周长的两个函数都只需要一个代表半径的参数，都返回一个计算结果。

参考代码：

```
1.  def area(r):
2.      print("PI={}".format(PI))      #读取全局变量 PI 并输出其值
3.      return PI*r*r                   #读取全局变量 PI 的值,返回面积值
4.  def around(r):
5.      global PI                       #声明此处的 PI 是全局变量 PI
6.      PI=3.142                        #修改全局变量 PI 的值
7.      print("PI={}".format(PI))      #读取全局变量 PI 并输出其值
8.      return 2*PI*r                   #读取全局变量 PI 的值,返回周长值
```

```
9.  PI=3.14                              #定义一个全局变量 PI，该变量的作用域为此程序
10. print("圆的面积是：{}".format(area(2)))   #调用函数 area 求面积并输出结果
11. print("圆的周长是：{}".format(around(2)))   #调用函数 around 求周长并输出结果
12. print("PI={}".format(PI))             #读取全局变量 PI 并输出其值
```

本例中，在函数 area 中访问读取了全局变量 PI 的值；在函数 around 中修改并读取了全局变量 PI 的值。在全局变量的作用域内，既可以直接读取变量的值，也可以直接修改变量的值。

运行结果：

```
PI=3.14
圆的面积是：12.56
PI=3.142
圆的周长是：12.568
PI=3.142
```

问题拓展：在一个班级中，如何做到每来一个新同学班级总人数自动增加 1，每退学一个同学班级总人数自动减 1。

注意：使用全局变量和局部变量时，局部变量与全局变量同名的情况，在函数内部访问该变量时，局部变量有效；在函数外部访问该变量时，全局变量有效。例 5-10 中，如果没有第 5 行的 global 声明语句，则第 6 行修改的是局部变量 PI 的值，而非全局变量 PI 的值。

5.4　函数的高级应用

5.4.1　返回多个值

一般情况下，函数的一次调用返回一个值即可。如果需要返回多个值给调用程序，则可以在 return 语句中返回多个表达式。

【例 5-11】 定义一个函数，能够求出任意一组正整数的最大值、最小值和平均值。如：1,2,3,4,5,6,7,8,9,10 中的最大值是 10，最小值是 1，平均值是 5.5。

问题分析：根据题意，函数使用一个列表类型的参数用于传入一组正整数，使用内置函数 sum、max、min 和 len 即可求得结果。考虑到本例题返回值个数固定且数据量不大，返回值使用返回多个值的用法即可。

参考代码：

```
1.  #函数定义
2.  def static3(arr):          #函数参数 arr 包含一组数的列表或元组
3.      if len(arr)==0:        #如果 arr 中项目数为 0，则返回一个项目全为 0 的列表
4.          return 0,0,0
5.      arr_sum=sum(arr)
6.      arr_max=max(arr)
7.      arr_min=min(arr)
```

```
8.        arr_avg=arr_sum/len(arr)
9.        return arr_max,arr_min,arr_avg        #返回 3 个值
10. nums=[1,2,3,4,5,6,7,8,9,10]
11. res_max,res_min,res_avg=static3(nums)#调用函数 static3，3 个变量接收返回值
12. print("res_max={},res_min={},res_avg={}".format(res_max,res_min,
    res_avg))
```

运行结果：

```
res_max=10,res_min=1,res_avg=5.5
```

5.4.2　返回列表

如果一个函数结束时需要返回大量数据给调用程序，可以考虑使用组合数据类型作为返回值，比较常用的是列表。需先将数据组装好，然后再返回。

【例 5-12】　定义一个函数，可以求任意一个二维数组各列之和，并返回各列之和。

问题分析：根据题意，函数使用二维列表类型参数用于接收传递过来的二维数组；使用两层嵌套循环即可求得各列之和；考虑到二维数组列数可能比较多，即需要返回的数据量比较大，将各列之和装入一个列表变量中，函数返回该列表变量。

参考代码：

```
1.  #函数定义
2.  def columSum(arr,m,n):
3.      ret=[0 for i in range(n)]
4.      for i in range(n):
5.          for j in range(m):
6.              ret[i]+=arr[j][i]    #这里的 i 是列下标，j 是行下标
7.      return ret
8.  t=[[1,2,3],[4,5,6],[7,8,9],[10,11,12]]
9.  res=columSum(t,4,3)              #调用函数
10. print(res)
```

运行结果：

```
[22,26,30]
```

函数中需要返回多个值时，如果返回的数据量不大，可以在 return 中一次返回多个值；如果返回的数据量比较大，则可以根据需要返回列表或其他组合数据类型。

问题拓展：求任一二维数组的各列平均值并输出。

5.4.3　匿名函数

在 Python 中，不仅可以定义普通的函数，即用 def 关键字定义的函数，也可以定义匿名函数。所谓匿名函数，就是没有函数名称的函数。

Python 中的匿名函数是通过 lambda 表达式实现的，常用来表示内部仅包含 1 行表达式的函数。当函数比较简单时，可以使用 lambda 表达式进行简洁表示，以便提高程序的性能。

格式：lambda 参数列表 ：表达式

说明：

(1)匿名函数没有函数名称。

(2)使用 lambda 关键字创建匿名函数。

(3)匿名函数冒号后面的表达式有且只能有一个。

(4)匿名函数自带 return，而 return 的结果就是表达式的计算结果。

例如，用如下普通函数实现的功能：

```
1. def f(x,y):          #定义函数 f，有 x 和 y 两个参数
2.     z=x*y            #计算 x*y 的结果
3. return z             #返回计算结果
```

可以用匿名函数实现，具体如下：

```
>>> lambda x,y:x*y      #x、y 部分对应参数列表，冒号后的 x*y 为表达式，即返回值
```

相比普通函数而言，匿名函数借助 lambda 表达式实现，可以省去定义函数的过程，使代码更加简洁。同时，对于不需要多次复用的函数，使用 lambda 表达式可以在用完之后立即释放，提高程序执行的性能。在使用匿名函数时，可以把 lambda 表达式赋给一个变量，此变量是一个函数对象，相当于给匿名函数指定了一个函数名，例如：

```
>>> s=lambda x,y:x*y    #lambda 表达式赋给变量 s，s 是一个函数对象
>>> s(2,3)              #通过变量 s 调用匿名函数获取结果
6
```

在使用匿名函数时，允许使用默认值参数和可变长度参数。

```
>>> b=lambda x,y=2: x+y          #参数 y 的默认值为 2
>>> b(1)
3
>>> b(1,3)
4
>>> b=lambda *z: z               #参数 z 为可变长度参数
>>> b(10,'test ')
(10,'test ')
```

【例 5-13】 用匿名函数实现对传入的参数求平方。

问题分析：通过 lambda 表达式实现对匿名函数求平方功能，调用匿名函数时输入待计算的数据，使用 print 函数输出结果。

参考代码：

```
1. f=lambda x:x**2
2. print(f(3))        #调用匿名函数
```

运行结果：

```
9
```

问题拓展：此例题只能实现求给定数字的平方，如果求任意底数和指数的幂运算（如 3^4）该如何实现？

【例 5-14】 定义一个匿名函数，能够计算梯形的面积。

问题分析：根据题意，该匿名函数需要 3 个参数：梯形的上底、下底和高；能够返回面积；不需要修改上底、下底和高的值。故比较适合使用匿名函数。

参考代码：

```
1. #函数定义
2. area=lambda a,b,h:(a+b)*h/2
3. print(area(1,2,3))    #调用匿名函数
```

运行结果：

```
4.5
```

【例 5-15】 定义一个匿名函数，能够根据圆柱体的底面半径和高计算圆柱体的体积。圆周率默认值是 3.14。

问题分析：根据题意，该匿名函数需要 3 个参数：底面半径、高和圆周率；因要求圆周率默认值是 3.14，故需要为圆周率参数设置默认值；能够返回体积；不需要修改半径、高和圆周率。故比较适合使用匿名函数。

参考代码：

```
1. #函数定义
2. vol=lambda r,h,PI=3.14:PI*r*r*h
3. print(vol(2,2,3.142))      #调用匿名函数
```

运行结果：

```
25.136
```

问题拓展：根据三角形的 3 条边长，使用 lambda 表达式计算三角形的面积。

本 章 小 结

本章从函数的定义入手，到函数的调用和函数返回值的使用，介绍了函数的基本用法；结合函数参数的几种用法，介绍了设计通用性较好函数的方法；结合函数的定义与调用讲解了变量与其作用域；最后讲解了函数的一些高级用法，主要包括函数返回多值、返回列表和匿名函数的使用。

函数是一个功能单元，也是调用单元。它的主要作用有两个：

(1) 实现代码复用，达到一次定义、多次调用的目的。

(2) 方便代码的维护。

在使用函数的时候要注意以下几个问题：

(1) 函数的功能要尽可能单一，以达到通用性的目的。一般不要在一个函数中加入输入功能和输出功能。

(2)多使用参数，使函数具有较好的灵活性。

(3)多使用返回值，供调用程序根据不同的返回值做出不同的处理。

习　题

1．函数的作用是什么？如何设计一个好的函数？

2．定义一个函数，能够求出任意 3 个整数中的最大值，并返回该值。

3．定义一个函数，能够将任一正整数分解为质因数，并返回其因子。

4．定义一个函数，能够对任意两个正整数求出最大公约数和最小公倍数，并返回结果。

5．定义一个函数，能够对任意一个正整数 n，求$1!-\dfrac{1}{2!}+\dfrac{1}{3!}-\dfrac{1}{4!}+\cdots\dfrac{1}{n!}$，并返回结果。

6．定义一个函数，能够将任意一个十进制整数转换为十六进制整数，并返回结果。

7．编写程序，根据如下公式完成计算并输出计算结果。

$$C_m^n = \frac{m!}{n!(m-n)!}$$

要求：

(1)有一个能够计算任一整数阶乘并返回结果的函数，如 n!。

(2)定义一个函数，能够对任意整数 m 和 n，根据公式完成计算，其中调用(1)中求阶乘的函数。该函数能够对 m 和 n 进行合法性验证，对于不合法的 m 和 n 的值要给出反馈信息，不进行后续计算；对于合法的 m 和 n 的值，要完成计算并将计算结果返回。

(3)定义一个函数，用于读取键盘输入的 m 和 n 的值，并调用(2)中的函数，接收返回值，根据不同值给出相应的处理。

第6章

文　件

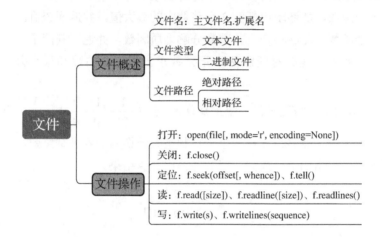

数据的输入和输出通过 input 函数和 print 函数实现，即键盘输入和控制台输出。这种方法所实现的数据输入、输出一般是针对数据较少且输出数据不需要永久保存的情况。若程序需要实现大量数据的输入，以及输出数据的永久保存，则需要以文件的方式处理数据。文件是计算机中永久保存和表示数据的方式，本章将介绍 Python 中文件的相关处理操作。

6.1　文　件　概　述

计算机中所有的信息，如文本、图形、图像、声音、动画、视频等，都以文件的形式呈现给用户，文件又通过文件夹的方式进行组织管理，文件所在位置通过路径来描述。程序中大部分的数据来源于文件，数据输出也大部分是输出到文件。因此，在学习 Python 中有关文件的操作前，首先需要掌握文件、文件夹和文件路径的一些基本知识。

6.1.1　文件基本概念和分类

文件是一组相关信息的集合，如一首歌对应一个音乐文件、一张照片对应一个图片文件、一段 Python 程序对应一个 Python 文件等。

任何文件存储在计算机中都需按照一定的编码格式把数据转换成二进制代码才能进行存储。根据编码格式的不同，文件可分成文本文件和二进制文件。

文本文件是指采用字符编码的文件，常见的字符编码有 ASCII、GBK、Unicode、UTF-8

等。文本文件存储的只有字符串，可以通过记事本、写字板、Word 等文字处理软件打开并进行查看和编辑。

二进制文件是指非字符编码的文件，常见的非字符编码有图像编码、音频编码、视频编码等，如 JPEG、BMP、GIF、MP3、WAV、WMA、WMV、MPEG 等。二进制文件存储的有图像、音乐、视频等，它们都有各自相应的软件用于打开并进行查看和编辑。

6.1.2　文件名与文件类型

文件及其文件类型通过文件名区分，一个文件对应一个文件名。文件名由主文件名和扩展名两部分构成，它们之间以小数点连接，格式为：主文件名.扩展名。如"国歌.mp3"，"国歌"是主文件名，"mp3"是扩展名。主文件名是文件的主要标识，扩展名则代表文件的类型。用户对文件命名其实主要是对主文件名命名，扩展名由产生文件的软件及其所选的编码格式自动生成，直接更改扩展名很有可能造成文件打不开或损坏，所以不建议直接更改扩展名。若需更改扩展名，其方法应该是打开文件后用文件另存为的方式去重新选择文件类型。

文件命名规则如下：

(1) 主文件名长度最多 255 个字符；

(2) 可以使用汉字、字母、数字和下划线等字符；

(3) 不区分英文字母大小写；

(4) 不能使用以下英文字符：| / \ < > : " ? *；

(5) 不能使用系统保留的设备名字：CON、AUX、NUL、COM1、COM2、COM3、COM4、LPT1、LPT2 等。

常见的文件类型有系统类型、文本类型、音频类型、图像类型、视频类型等，同一类型的文件其扩展名也是多样的，因为产生这些类型文件的软件或者编码格式不一样。常见扩展名对应的文件类型如表 6-1 所示。其中 Python 程序文件、C 语言程序文件、txt 文件、csv 文件、超文本文件属于文本文件，其余文件属于二进制文件。

表 6-1　常见扩展名对应的文件类型

扩展名	类型	扩展名	类型
py	Python 程序文件	sys	系统文件
c	C 语言程序文件	exe	可执行文件
txt	文本文件	bmp	图像文件
csv	逗号分隔值文本文件	jpg	
html	超文本文件	mp3	音频文件
docx	Word 文件	wav	
xlsx	Excel 文件	mpeg	视频文件
pptx	PowerPoint 文件	wmv	

6.1.3　文件目录与路径

文件通过文件夹进行组织管理，文件夹又被称为目录。文件的组织结构是一种树形的层次结构，第 1 层是磁盘号，被称为根目录，根目录由系统通过格式化磁盘建立。在根目录下可以存放若干个文件和目录，目录下又可以存放若干个文件和目录，依次通过目录实现文件和目录的层层存放。

文件或文件夹的存放位置通过路径来表示，路径又分两种：绝对路径和相对路径。绝对路径是从文件或文件夹所在的根目录开始描述位置，相对路径是从文件或文件夹的当前目录开始描述位置。若要查找的文件或文件夹与当前目录处于同一根目录下，一般选用相对路径，若处于不同的根目录下则选用绝对路径。

Python 程序在表示文件路径时，采用字符串的方式书写路径，且分隔符用"\\"或"/"或"//"。若现在有这样一个文件目录结构，如图 6-1 所示。

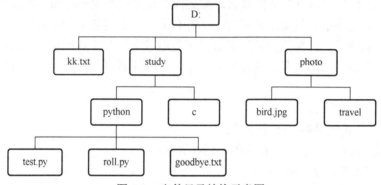

图 6-1　文件目录结构示意图

描述文件 goodbye.txt 的绝对路径的表示方法为："D:\\study\\python\\goodbye.txt"或"D:/study/python/goodbye.txt"或"D://study//python//goodbye.txt"。

若当前目录是"D:\\study"，则描述 goodbye.txt 时可采用相对路径，表示的方法为："python\\goodbye.txt"或"python/goodbye.txt"或"python//goodbye.txt"。若当前目录是"D:\\study\\python"，则描述 goodbye.txt 的相对路径表示方法最为简单直接，就是"goodbye.txt"。

在 Python 程序中打开文件，建议把文件和程序文件存放在同一个文件夹中，这样直接采用相对路径的方式描述文件路径就非常方便，直接书写文件名即可。

Python 中获取当前目录、修改当前目录、查看当前目录下的文件和目录、创建目录及其删除目录这些功能，可通过标准库的 os 模块中的相关函数实现。os 模块常用目录函数如表 6-2 所示。

表 6-2　os 模块常用目录函数

函数	描述
getcwd ()	获取当前目录
chdir (path)	把 path 设为当前目录
listdir (path)	查看 path 目录下的文件和目录列表，若无 path 则表示当前目录
mkdir (path)	创建目录，要求上级目录必须存在
rmdir (path)	删除目录，目录必须为空

```
>>> import os                        #引入 os 模块
>>> os.getcwd()                      #获取当前目录
'D:\\Program Files\\Python38'
>>> os.chdir("D:\\study")            #把"D:\\study"设为当前目录,采用绝对路径
>>> os.getcwd()
'D:\\study'
>>> os.listdir()              #查看当前目录下的文件和目录,结果是列表
['c','python']
>>> os.chdir("python")        #把"D://study//python"设为当前目录,采用相对路径
>>> os.getcwd()
'D:\\study\\python'
>>> os.mkdir("chapter6")      #在当前目录下创建目录 chapter6,采用相对路径
>>> os.listdir()
['chapter6','goodbye.txt','roll.py','test.py']
>>> os.rmdir("D:/study/c")            #删除 c 目录,采用绝对路径
>>> os.listdir("D:/study/c")          #出错,错误原因是 c 目录不存在
Traceback (most recent call last):
    File "<pyshell#11>",line 1,in <module>
        os.listdir("D:/study/c")
FileNotFoundError: [WinError 3] 系统找不到指定的路径。: 'D:/study/c'
>>> os.rmdir("D:/study/python")       #出错,错误原因是 python 目录不是空的
Traceback (most recent call last):
    File "<pyshell#12>",line 1,in <module>
        os.rmdir("D:/study/python")
OSError: [WinError 145] 目录不是空的。: 'D:/study/python'
```

6.2　文　件　操　作

　　文件操作的基本过程是打开文件、处理文件数据、关闭文件,处理文件数据包括数据定位、读数据、写数据,通过这些处理实现对文件数据的添加、修改和删除。文本文件在操作时数据一般按字符操作,也可以按字节操作;二进制文件在操作时数据按字节操作。本章主要介绍有关文本文件的操作。文件的操作都是通过相应的内置函数和方法来实现,文件常用内置函数和方法如表 6-3 所示。其中只有 open 是内置函数,其余的均是文件的方法,表中 f 表示文件。

表 6-3　文件常用内置函数和方法

函数和方法	描述
open(file[,mode,encoding])	以 mode 模式打开 file 文件
f.close()	关闭文件
f.seek(offset[,whence])	设置当前位置,从 whence 所代表的位置处移动 offset 个位置。whence 为 0 代表文档开头,为 1 代表当前位置,为 2 代表文档结尾,默认为 0
f.tell()	返回当前的位置

续表

函数和方法	描述
f.read([size])	读取当前位置处 size 个字符或字节, 无 size 则是读取全部字符或字节, 结果是字符串或字节流
f.readline([size])	读取当前位置处到这行结尾 size 个字符或字节, 无 size 则是读取当前位置处这一行剩下的所有字符或字节, 结果是字符串或字节流
f.readlines()	读取当前位置后所有行, 结果是列表, 一行字符串或字节流就是一个列表元素
f.write(s)	将一个字符串或字节流 s 写入文件中
f.writelines(sequence)	将 sequence 序列中各个元素写入文件中, 此序列的元素必须全是字符串或字节流

6.2.1 文件的打开和关闭

文件永久存储在外存上, 若需对文件操作, 必须把文件从外存调入内存中, 然后在内存中对文件进行相应的处理, 处理结束后再把内存中的文件写入外存进行永久存储。Python 中通过 open 函数打开文件, 实际上就是实现把文件从外存调入内存; 通过 close 方法关闭文件, 实际上就是实现把文件从内存写入外存。因此对文件操作的第一步必须是通过 open 函数打开文件, 文件处理完成后, 最后一步必须是通过 close 方法关闭文件, 若没有关闭文件, 文件处理后的结果不会保存到外存的文件中。

1. 打开文件

格式: open(file[, mode='r', encoding=None])

说明:

(1) 使用 open 函数打开文件后会生成一个文件对象, 此文件对象需赋值给变量, 通过变量的方式使用此文件。

(2) file 表示要打开的文件, 用字符串描述, 文件要指明文件路径, 文件的路径可以采用绝对路径也可以采用相对路径。

(3) encoding 表示打开文本文件时的编码格式, 二进制文件打开时不能指定 encoding 参数。默认 encoding 参数是 None, 表示文本文件按文件本身的编码格式打开。

(4) mode 表示文件打开的模式, 此参数不仅决定文件是以文本文件还是以二进制文件方式打开, 还决定文件读写的方式; 若不带此参数默认文本是只读模式。文件打开模式说明如表 6-4 所示, 'b'和't'中写一个, 若不写则默认为't'; 'r'、'w'、'x'、'a'中写一个, 若不写则默认为'r'。

表 6-4　文件打开模式说明

打开模式	说明
'r'	只读模式, 默认值, 文件不存在则出错
'w'	覆盖写模式, 文件不存在则创建, 存在则完全覆盖
'x'	创建写模式, 文件不存在则创建, 存在则出错
'a'	追加写模式, 文件不存在则创建, 存在则在文件最后追加内容
'b'	二进制文件模式, 与 r/w/x/a 一同使用

续表

打开模式	描述
't'	文本文件模式，与 r/w/x/a 一同使用，默认值
'+'	与 r/w/x/a 一同使用，在原功能基础上增加同时读写功能

2. 关闭文件

格式：f.close()

说明：关闭文件主要是让内存中的文件写入外存中。

```
>>> #根据图 6-1 的文件目录组织结构打开和关闭文件
>>> f1=open("D:\\study\\python\\goodbye.txt")
                        #goodbye.txt 以文本文件模式打开，只能读
>>> f1.close()                  #关闭 goodbye.txt
>>> import os                   #引入 os 模块
>>> os.chdir("D:\\study\\python")   #把"D:\\study\\python"设为当前目录
>>> f1=open("goodbye.txt",'w')  #goodbye.txt 以文本文件模式打开，覆盖写
>>> f2=open("roll.py",'w+')     #roll.py 以文本文件模式打开，能读且覆盖写
>>> f1.close()                  #关闭 goodbye.txt
>>> f2.close()                  #关闭 roll.py
>>> f3=open("D:\\hi.txt",'at',encoding='utf-8')
                        #文本文件以 utf-8 编码模式打开，追加写
>>> f3.close()                  #关闭 hi.txt
>>> os.listdir("D:\\")              #D 盘下本无 hi.txt, 'a'追加写模式会创建 hi.txt
['hi.txt','kk.txt','photo','study']
>>> f4=open("D:\\photo\\bird.jpg",'rb')  #bird.jpg 以二进制文件模式打开，只能读
>>> f4.close()                  #关闭 bird.jpg
>>> f5=open("goodbye.txt",'x')  #出错，错误原因是'x'模式是创建写，文件已存在出错
Traceback (most recent call last):
    File "<pyshell#14>",line 1,in <module>
        f5=open("goodbye.txt",'x')
FileExistsError: [Errno 17] File exists: 'goodbye.txt'
```

6.2.2　文件的常用方法

文件的常用方法是位置定位方法、读文件方法和写文件方法。

1. 文件中的定位

文件刚打开，默认的位置为文件的开头。若需更改文件的当前位置则需使用 seek 方法进行重新定位；若想知道现在的位置则需使用 tell 方法。

格式：f.seek(offset[,whence])

说明：第 1 个参数 offset 表示相对移动的距离，正数往后移，负数往前移；第 2 个参数 whence 表示相对哪个位置移动，whence 有 3 个取值：0、1、2，其中 0 代表文档开头，1 代表当前位置，2 代表文档结尾，若不带 whence 参数则 whence 默认值为 0。以文本文件模式打开的文件，seek 只能从文档开头开始往后移动，即 whence 不能为 1 和 2。

```
>>> #文本文件模式打开文件，seek方法的offset只能是正数，whence只能是0
>>> f1=open("D:\\study\\python\\goodbye.txt")
                        #goodbye.txt以文本文件模式打开，只能读
>>> f1.tell()           #获取当前位置，0表示文档开头
0
>>> f1.seek(5)          #相对文档开头往后移动5个位置
5
>>> f1.seek(10,0)       #相对文档开头往后移动10个位置
10
>>> f1.seek(5,1)        #出错,错误原因是以文本文件打开时seek的第2个参数不能是1
Traceback (most recent call last):
    File "<pyshell#10>",line 1,in <module>
        f1.seek(5,1)
io.UnsupportedOperation: can't do nonzero cur-relative seeks
>>> f1.close()          #关闭goodbye.txt
>>> #二进制文件模式打开文件，seek方法的offset可正可负，whence可以是0、1、2
>>> f2=open("D:\\photo\\bird.jpg",'rb')
                        #bird.jpg以二进制文件模式打开，只能读
>>> f2.seek(5)          #相对文档开头往后移动5个位置
5
>>> f2.seek(100,0)      #相对文档开头往后移动100个位置
100
>>> f2.seek(2,1)        #相对当前位置往后移动2个位置
102
>>> f2.seek(-2,2)       #相对文档结尾往前移动2个位置
17206
>>> f2.seek(100,2)      #相对文档结尾往后移动100个位置
17308
>>> f2.close()          #关闭bird.jpg
```

2. 读文件

读文件的方法有 read 方法、readline 方法和 readlines 方法。read 方法是读取从当前位置开始的多个字符或字节，若当前位置是 0，则可读取全文；readline 方法是从当前位置开始读取当前行或到当前行结束处的多个字符或字节，若当前位置是行开头处，则读取当前行；readlines 是读取从当前位置开始的所有行，结果是一个列表，一行就是一个列表元素，若当前位置是 0，则读取全文所有行。

读取文本文件时，一般采用文本文件模式打开，读取的是字符，默认会将文本文件中的行结束符读取为换行符' \n'；若采用二进制文件模式打开，读取的是字节，输出的时候第 1 个字符是'b'，后面才是字符串的字节表示，即用'b'表示这是二进制文件模式打开读取的文件内容。

提示：读取文件时一定要注意当前位置，当读取了全文后，当前位置就在文档最后，继续读取就只能读取到空字符串。

D 根目录下有一个文本文件 kk.txt，数据内容如图 6-2 所示。

图 6-2　kk.txt 文件内容

```
>>> #文本文件以文本文件模式打开读取，当前目录是"D:\\ "
>>> f1=open("kk.txt")    #kk.txt 以文本文件模式打开，只能读
>>> f1.read()            #读取全文，文本中的换行符自动读取为字符'\n'
'世上无难事！\n只怕有心人！\n加油！'
>>> f1.tell()            #获取当前位置，其实就是文档最后的位置
34
>>> f1.read(2)           #从当前位置继续读取 2 个字符，已到文档最后，读取空字符
''
>>> f1.tell()            #获取当前位置，还是文档最后的位置
34
>>> f1.seek(0)           #当前位置更改到 0 号位置，即回到文档开头
0
>>> f1.read(8)           #从开头位置连续读取 8 个字符
'世上无难事！\n只'
>>> f1.readline(8)       #当前位置开始读取当前行 8 个字符，此处等价于 f1.readline()
'怕有心人！\n'
>>> f1.readlines()       #当前位置开始读取剩余行，结果是列表
['加油！']
>>> f1.seek(0)
0
>>> f1.readline()        #读取当前行，即第一行
'世上无难事！\n'
>>> f1.seek(0)
0
>>> f1.readlines()       #读取所有行
['世上无难事！\n','只怕有心人！\n','加油！']
>>> f1.close()
>>> #文本文件以二进制文件模式打开读取，当前目录是"D:\\ "
>>> f1=open("kk.txt","rb")  #kk.txt 以二进制文件模式打开，只能读
>>> f1.read()            #读取全文
b'\xca\xc0\xc9\xcf\xce\xde\xc4\xd1\xca\xc2\xa3\xa1\r\n\xd6\xbb\xc5\xc2\xd3\xd0\xd0\xc4\xc8\xcb\xa3\xa1\r\n\xbc\xd3\xd3\xcd\xa3\xa1'
>>> f1.seek(-10,2)       #当前位置更改到从文档最后往前移 10 个位置处
```

```
24
>>> f1.readlines()        #当前位置开始读剩余行，结果是列表
[b'\xa3\xa1\r\n',b'\xbc\xd3\xd3\xcd\xa3\xa1']
>>> f1.close()
```

3. 写文件

写文件的方法有 write 方法和 writelines 方法。write 方法是把一个字符串或字节流写入文件；writelines 方法是把一个序列中多个字符串或字节流元素连续写入文件，即一个字符串或字节流元素并不是文本中的一行。

写入文本文件时，主要是写入字符串，因此采用的是文本文件模式打开。写入时，默认将出现的换行符'\n'写成文本文件中的行结束符，从而在文本文件中实现换行。用 writelines 方法写入时，若想实现一个元素一行，则需要在每个元素后面加上换行符'\n'。

```
>>> #当前目录就是"D:\\ "
>>> f=open(' w1.txt ','w')
                            #文本文件覆盖写，当前目录下无 w1.txt 则创建 w1.txt
>>> f.write("you are best!")   #w1.txt 中写入字符串，字符个数是 13
13
>>> s='yes!'               #定义一个字符串变量 s
>>> f.write(s)             #w1.txt 中写入字符串变量 s 的值，字符个数是 4
4
>>> f.close()             #关闭 w1.txt
>>> f=open('w1.txt','a')   #文本文件追加写，当前目录中有 w1.txt 则在最后追加写
>>> x=['ok!','good!']      #定义一个列表变量 x
>>> f.writelines(x)        #w1.txt 中连续写入 x 列表中各个元素
>>> f.read()              #出错，错误原因是 w1.txt 只能追加写而不能读
Traceback (most recent call last):
    File "<pyshell#95>",line 1,in <module>
        f.read()
io.UnsupportedOperation: not readable
>>> f.close()             #关闭 w1.txt
>>> f=open('w2.txt','w+')
                        #文本文件覆盖写，可读，当前目录下无 w2.txt 则创建 w2.txt
>>> x=('苹果','香蕉','梨子','芒果')#定义一个元组变量 x
>>> f.write('\n'.join(x))  #x 元组中的各个元素通过换行符连接后写入 w2.txt
11
>>> f.read()              #当前位置在文档最后，读出空字符
''
>>> f.seek(0)             #当前位置更改到文档开头
0
>>> f.read()              #读出 w2.txt 全部内容
'苹果\n香蕉\n梨子\n芒果'
>>> f.close()
```

上面交互式代码执行后，D 盘根目录下会出现两个文本文件 w1.txt 和 w2.txt，其数据内容如图 6-3 和图 6-4 所示。

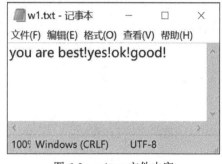

图 6-3　w1.txt 文件内容

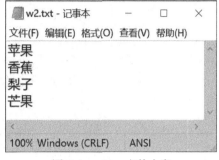

图 6-4　w2.txt 文件内容

上面交互式代码中的 f.writelines(x) 等价于 f.write(''.join(x))，也等价于如下循环语句：

```
1. for i in x:
2.     f.write(i)
```

上面交互式代码中的 f.write('\n'.join(x)) 等价于如下循环语句：

```
1. for i in x:
2.     f.write(i+'\n')
```

提示：不同的读写操作时一定要选最为合适的读写模式。若要打开已有的文件去修改其中一部分的数据，应该用'r+'模式；若要新建文件或重新写已有的文件，还想在写的过程中随时修改其中一部分的数据，则应该用'w'模式；若是在文件最后进行追加数据，则应该用'a'模式。

```
>>> #当前目录就是"D:\\ "
>>> f=open('w3.txt','w+')
                #文本文件覆盖写，可读，当前目录下无 w3.txt 则创建 w3.txt
>>> f.read()            #无论是新建的还是原来有的文件，覆盖写都会清空数据
''
>>> f.write("hello!")    #w3.txt 写入数据"hello!"
6
>>> f.seek(2)           #当前位置移动到 2 号位置
2
>>> f.write("xx")       #从当前 2 号位置写入"xx"，相当于修改 2 号、3 号位置的字符
2
>>> f.seek(0)
0
>>> f.read()            #w3.txt 文件中的数据变成'hexxo!'
'hexxo!'
>>> f.close()
>>> f=open('w3.txt','r+')  #对已经存在的 w3.txt 文本文件读写
>>> f.seek(2)
2
```

```
>>> f.write("uuu")              #修改 w3.txt 中 2 号、3 号、4 号位置的字符
3
>>> f.seek(0)
0
>>> f.read()                    #w3.txt 的文件数据变成'heuuu!'
'heuuu!'
>>> f.close()
>>> f=open('w3.txt','a+')       #对已经存在的 w3.txt 文本文件追加写，可读
>>> f.seek(2)
2
>>> f.write("yy")               #无论当前位置在哪里，都是写在文档最后
2
>>> f.seek(0)
0
>>> f.read()                    #w3.txt 的文件数据变成'heuuu!yy'
'heuuu!yy'
>>> f.close()
```

6.2.3　文件的 with 语句

上下文管理语句 with 的功能是自动管理资源，当退出 with 语句后，with 语句中用到的资源会自动释放。用于文件操作时，其最大特点就是无论是正常退出 with 语句块，还是发生异常程序中断退出 with 语句块，都能保证文件正常关闭。

格式：

  with open(file, [mode, encoding]) as 变量名:
   #读写文件内容的语句

说明：程序中若使用了文件的 with 语句，则不需要再使用 close 方法关闭文件。

以下程序代码中，文件正常退出 with 语句，其功能是输出 kk.txt 文件中的数据。

```
1. with open("d:\kk.txt")as f:
2.     s=f.read()
3. print(s)
```

以下程序代码的运行结果是"出错:[Errno 2] No such file or directory: 'goodbye.txt'"。由于 D 盘下无 goodbye.txt 文件，所以异常退出 with 语句，此时的 kk.txt 会正常关闭。

```
1. #当前目录就是"D:\\"
2. try:
3.     with open("kk.txt","r",encoding="GBK")as f1:
4.         s1=f1.read()
5.         with open("goodbye.txt")as f2:
6.             s2=f2.read()
7.         print(s1+s2)
8. except OSError as reason:
9.     print("出错:"+str(reason))
```

6.2.4 文件的遍历

文件的遍历通过 for 循环实现。

格式：

　　　for 变量 in 文件对象：
　　　　语句块

说明：依次把文件中的每一行数据赋予变量后进行语句块的操作，其实就是按行对文件进行遍历。

```
>>> #当前目录是"D:\\"
>>> f=open('kk.txt','r',encoding='GBK')
>>> for i in f:                  #循环功能是遍历 kk.txt 中的每一行并输出其内容
        print(i.strip())         #等价于 print(i,end='')
世上无难事！
只怕有心人！
加油！
>>> f.close()
```

上面交互式代码中 for 语句里的 f 等价于 f.readlines()，因为文件刚打开时，当前位置是文档开头，f.readlines()的功能就是读取所有行并返回一个行元素的列表。若把 i.strip()换成 i 则会发现输出时每行数据下面会多一个空行，究其原因是文件中每行有一个行结束标记，读取时会读成换行符'\n'，输出时'\n'会进行换行，而 print 语句又会进行一次换行，故会出现空行，而 i.strip()的功能就是把每行的'\n'去掉。

6.3 文件应用实例

文本文件中最常使用的是 TXT 类型和 CSV 类型的文件。CSV 文件存储的是纯文本的表格数据，各列之间以英文半角逗号分隔开。CSV 文件可以用记事本打开，也可用表格相关软件打开，广泛应用于不同程序之间转移表格数据。

【例 6-1】　任意合并两个文本文件内容并把结果输出到新文本文件中。

问题分析：任意两个文本文件表明这两个文本文件的名字需要从键盘输入，结果输出到新文本文件表明新文本文件的名字也需要从键盘输入，合并文本文件内容表明需要把两个文本文件打开后进行读取操作并进行合并处理，合并处理后的内容需要通过写入方法写入新文本文件中。利用 input 函数接收文件名并用 open 函数打开，然后对两个文件内容通过 read 方法读取并用连接运算进行文本内容连接，最后把连接好的内容通过 write 方法写入新文件中。

参考代码：

```
1.  f1=open(input("请输入第一个文件名: "))
2.  f2=open(input("请输入第二个文件名: "))
```

```
3.  s1=f1.read()              #读取第一个文件内容赋值给变量 s1
4.  s2=f2.read()              #读取第二个文件内容赋值给变量 s2
5.  if s1[-1]=='\n':          #分支结构功能为实现 s1 换行连接 s2，并把结果赋值给变量 s
6.      s=s1+s2
7.  else:
8.      s=s1+'\n'+s2
9.  fo=open(input("请输入输出的文件名: "),'w')
10. fo.write(s)               #把连接好的内容写入文件
11. f1.close()
12. f2.close()
13. fo.close()
```

运行结果：

```
请输入第一个文件名: D:\\w1.txt
请输入第二个文件名: D:\\w2.txt
请输入输出的文件名: D:\\w12.txt
```

图 6-5　w12.txt 文件内容

w12.txt 文件内容如图 6-5 所示。

问题拓展： 此例题的参考代码只适用于用户输入的文件名是文本文件的情况，请思考若用户输入的不是文本文件名，此参考代码运行结果会如何？如何完善此参考代码以确定用户输入的是文本文件？

【例 6-2】 统计并输出任意一篇英文文章中单词出现频率最高的 5 个单词，并把结果保存到一个新文本文件中。

问题分析： 与例 4-6 的问题分析几乎一致，区别在于把数据输入来源和结果输出换成文件。文件名需要从键盘输入。在此可把统计单词个数并按个数降序排列的功能用自定义函数封装。

参考代码：

```
1.  import string
2.  def Dword(s):           #函数功能为统计单词个数并按个数降序排列
3.      for i in string.punctuation:
4.          s=s.replace(i,' ')
5.      words=s.split()
6.      num={}
7.      for i in words:
8.          num[i]=num.get(i,0)+1
9.      y=list(num.items())
10.     y.sort(key=lambda a: a[1],reverse=True)
11.     return y
```

```
12. f=open(input('请输入文件名：'),'r',encoding='utf-8')
13. fo=open(input('请输入输出的文件名：'),'w',encoding='utf-8')
14. x=Dword(f.read())
15. for i in range(5):          #循环功能为把频率最高的 5 个单词分行写入文件中
16.     fo.write(x[i][0]+":"+str(x[i][1])+'\n')
17. f.close()
18. fo.close()
```

运行结果：

```
请输入文件名：goodbye.txt
请输入输出的文件名：result.txt
```

goodbye.txt、result.txt 与例 6-2 的程序文件在同一个文件夹中，goodbye.txt 文件部分数据内容如图 6-6 所示，参考代码运行后所产生的 result.txt 文件内容如图 6-7 所示。

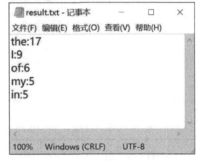

图 6-6　goodbye.txt 文件部分内容　　　　　　图 6-7　result.txt 文件内容

问题拓展：此例题的参考代码只适用于英文文本文件的情况。请思考，若用户输入的是中文文本文件此参考代码运行结果会如何？如何完善此参考代码以确定用户输入的是英文文本文件？若把题目改成统计并输出任意一篇中文文章中词语出现频率最高的 6 个词语并把结果保存到一个新文本文件中，程序该如何编写？

【例 6-3】　现有一张学生信息表 tel.csv 文件，编写程序实现把电话中的第 4 位到第 7 位数字用"*"隐藏，并把结果保存到新创建的 newtel.csv 文件中。用记事本打开 tel.csv 文件的部分表格数据内容如图 6-8 所示。

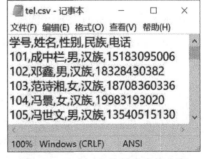

图 6-8　tel.csv 文件部分表格内容

问题分析：通过对 tel.csv 的数据观察可知，可用列表元素表示 tel.csv 文件中的数据，其列表的结果是[['学号', '姓名', '性别', '民族', '电话\n'], ['101', '成中栏', '男', '汉族', '15183095006\n'], …]，即把 tel.csv 中每行数据都变成列表，把各个列表又存放在一个列表中。打开文件后把文件中的数据变成列表，然后对列表进行遍历，0 号元素直接写入 newtel.csv 中，从 1 号元素开始对每个元素中的 4 号元素进行修改，即电话的第 4 位到第 7 位数字用 "*" 隐藏后，把元素写入 newtel.csv 中。

参考代码：

```
1.  with open('tel.csv','r')as f:  #tel.csv 与例 6-3 程序文件在同一文件夹中
2.      ls=[]
3.      for line in f:               #遍历文件，依次把每行字符串赋给变量 line
4.          ls.append(line.split(','))
                                    #每行字符串拆分成列表后追加到 ls 列表中
5.  with open('newtel.csv','w')as fo:
6.      for i in ls:                #对 ls 列表遍历，依次把每个列表元素赋给变量 i
7.          if i[0]=='学号':        #0 号元素写入 newtel.csv 文件中
8.              fo.write(",".join(i))
9.          else:                   #其余元素修改其元素中的 4 号元素后写入 newtel.csv
10.             i[4]=i[4][:3]+'*'*4+i[4][7:]
11.             fo.write(",".join(i))
```

	A	B	C	D	E
1	学号	姓名	性别	民族	电话
2	101	成中栏	男	汉族	151****5006
3	102	邓鑫	男	汉族	183****0382
4	103	范诗湘	女	汉族	187****0336
5	104	冯景	女	汉族	199****3020
6	105	冯世文	男	汉族	135****5130
7	106	傅胤翔	男	汉族	176****0259
8	107	高静	女	汉族	135****5763
9	109	韩昊霖	男	汉族	151****2867
10	110	侯泉	男	汉族	173****0905

图 6-9　newtel.csv 文件部分表格内容

运行结果：参考代码运行后创建的 newtel.csv 文件用 Excel 软件打开的部分结果表格数据内容如图 6-9 所示。

问题拓展：若把题目换成现有一张学生成绩表 student.csv 文件，表结构是(学号,姓名,英语,高数,计算机,语文,平均分,总分)。编程实现求出每位同学的平均分和总分，并把结果保存到 cj.csv 文件，程序该如何编写？

【例 6-4】　把任意文本文件中的内容制作成词云图像，词云图像的文件名是原文件名加上 "词云" 二字。

问题分析：制作词云需用第三方库的 wordcloud 模块。首先根据接收的文件名打开文件，然后判断其内容是中文文本还是英文文本，若是英文可以直接制作词云，若是中文需用 jieba 模块分词后才能制作词云，最后用 wordcloud 模块中相关函数完成词云的制作。用 wordcloud 模块制作词云时，先使用 WordCloud 函数产生词云对象，再使用 generate 函数把文本传入词云对象，最后用 to_file 函数保存词云图片。

参考代码：

```
1.  import wordcloud as w
2.  import jieba
3.  fname=input("请输入需产生词云图片的文件名：")
4.  f=open(fname,"r",encoding="utf-8")
5.  txt=f.read()
6.  f.close()
7.  if 65<=ord(txt[0])<=90 or 97<=ord(txt[0])<=122:  #判断文本是中文还是英文
8.      ce=0
```

```
9.  else:
10.     ce=1
11. if ce==1:    #如果文本是中文则需使用jieba分词并用join方法连接成字符串
12.     ls=jieba.lcut(txt)
13.     txt=" ".join(ls)
14. w1=w.WordCloud(background_color="white",width=600,\
15.     height=400,font_path="msyh.ttc")    #产生词云对象w1
16. w1.generate(txt)                        #txt中字符传入词云对象w1
17. j=0
18. for i in range(len(fname)):             #此循环用于找到文件中的主文件名字符数
19.     if fname[i]=='.':
20.         break
21.     else:
22.         j+=1
23. w1.to_file(fname[:j]+"词云.png")         #保存词云图片
```

运行结果：参考代码运行后对英文文本的词云图片参考效果如图 6-10 所示，中文文本的词云图片参考效果如图 6-11 所示。

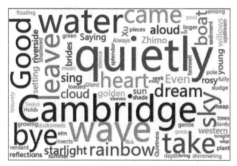

图 6-10　英文文本词云参考效果

图 6-11　中文文本词云参考效果

wordcloud 模块不仅可以根据文本生成词云，还可以根据词频生成词云，并且词云的输出还可以是数组形式。wordcloud 模块常用函数如表 6-5 所示。

表 6-5　wordcloud 模块常用函数

函数	描述
WordCloud()	产生词云对象
fit_words(frequencies)	根据词频生成词云（frequencies 为字典类型）
generate(text)	根据文本生成词云
generate_from_frequencies(frequencies[, ...])	根据词频生成词云
generate_from_text(text)	根据文本生成词云
process_text(text)	将长文本分词并去除屏蔽词，指英文
to_array()	转化为 numpy array
to_file(filename)	输出到文件

在制作词云时，可通过 WordCloud 函数的相关参数设置最终出现的图片的大小、背景颜色、字体、不能出现的词、最大的词数、最小的字号、最大的字号、图像词云的图像等。WordCloud 函数相关参数描述如表 6-6 所示。

表 6-6　WordCloud 函数相关参数描述

参数	描述
background_color	背景颜色，默认黑色
width	输出的画布宽度，默认为 400 像素
height	输出的画布高度，默认为 200 像素
font_path	词云中字符的字体
mask	如果 mask 为空，则使用画布大小绘制词云；如果 mask 非空，则设置的宽、高值将被忽略，词云形状被 mask 取代
min_font_size	显示最小的字体大小
max_font_size	显示最大的字体大小
max_words	显示词的最大词数
stopwords	设置需要屏蔽的词

通过 WordCloud 函数中的参数 mask 可知，可以制作各种形状的词云。但 mask 参数的值需要一个图像对象，而图像对象的打开需要使用第三方库的 imageio 模块中的 imread 函数。

若程序文件同一文件夹中有一个 fivestar.png 图像文件，如图 6-12 所示。以此图像为形状产生词云，则可在参考代码第 14 行前插入以下 2 行代码：

```
from imageio import imread
pic=imread("fivestar.png")
```

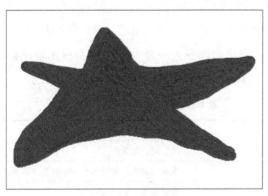

图 6-12　fivestar.png

第 14 行代码修改如下：

```
w1=w.WordCloud(background_color="white",font_path="msyh.ttc",mask=pic)
```

修改过的参考代码运行后产生的英文文本的词云图片参考效果如图 6-13 所示。

图 6-13 fivestar 形状词云参考效果

本 章 小 结

本章从文件的基础知识开始介绍，即文件的基本概念和分类、文件名与文件类型、文件目录与路径；接着进入核心知识点的介绍，即文件作为数据的来源和输出，Python 如何实现对文件的操作。主要知识点是文件的打开和关闭，文件数据的读、写和定位。

习 题

1．编程实现：统计任意一篇英文文章中不同的单词个数。运行结果参考如下：

```
请输入英文文章的文件名：goodbye.txt
这篇英文文章有 124 个不同的单词
```

2．编程实现：统计任意一篇中文文章中指定词语的个数。运行结果参考如下：

```
请输入中文文章的文件名：saygoodbye.txt
请输入统计个数的词语：轻轻
这篇中文文章有 3 个"轻轻"
```

3．编程实现：随机产生 50 个 0~1 的小数，并把这些小数输出到一个新的文本文件中，10 个小数为一行，数字之间用空格隔开。运行结果参考如下：

```
请输入保存小数的新文本文件名：xiaoshu.txt
xiaoshu.txt 文件中内容参考如下：
0.03 0.28 0.88 0.61 0.49 0.84 0.42 0.47 0.36 0.79
0.76 0.48 0.86 0.72 0.26 0.49 0.55 0.76 0.38 0.24
0.55 0.82 0.88 0.52 0.99 0.97 0.88 0.29 0.3 0.89
0.9 0.82 0.92 0.2 0.46 0.19 0.25 0.07 0.92 0.99
0.31 0.32 0.81 0.02 0.96 0.39 0.02 0.17 0.72 0.58
```

4．编程实现：把两张表结构相同且记录数也一样的 CSV 文件交叉合并到一个新的 CSV 文件中。运行结果参考如下：

请输入第一个 CSV 文件名：stu1.csv
请输入第二个 CSV 文件名：stu2.csv
请输入新的 CSV 文件名：stu.csv

stu1.csv 文件部分数据如下：   **stu2.csv 文件部分数据如下：**

学号,姓名,性别,民族,电话   学号,姓名,性别,民族,电话
101,成中栏,男,汉族,1518***5006   112,贾森辉,男,汉族,1300***1258
102,邓鑫,男,汉族,1832***0382   113,姜明,男,汉族,1365***8015
103,范诗湘,女,汉族,1870***0336   114,蒋凯晓,男,汉族,1838***9085

运行后 stu.csv 文件部分数据如下：

学号,姓名,性别,民族,电话
101,成中栏,男,汉族,1518***5006
112,贾森辉,男,汉族,1300***1258
102,邓鑫,男,汉族,1832***0382
113,姜明,男,汉族,1365***8015

5．编程实现：对任意文本文件制作任意图形的词云。运行结果参考如下：

请输入图形文件名：rabbit.png
请输入产生词云的完整文件名：goodbye.txt

词云参考效果如图 6-14 所示。

图 6-14　词云参考效果

参 考 文 献

BHARGAVA A, 2017. 算法图解. 袁国忠, 译. 北京: 人民邮电出版社.

陈波, 刘慧君, 2020. Python 编程基础及应用. 北京: 高等教育出版社.

陈东, 2019. Python 语言程序设计实践教程. 上海: 上海交通大学出版社.

CORMEN T H, 等, 2013. 算法导论(原书第 3 版). 殷建平, 徐云, 等译. 北京: 机械工业出版社.

董付国, 2018. Python 语言程序设计基础与应用. 北京: 机械工业出版社.

ERIC M, 2016. Python 编程: 从入门到实践. 袁国忠, 译. 北京: 人民邮电出版社.

HETLAND M L, 2018. Python 基础教程. 3 版. 袁国忠, 译. 北京: 人民邮电出版社.

李佳宇, 2019. 零基础入门学习 Python. 2 版. 北京: 清华大学出版社.

LUTZ M, 2018. Python 学习手册(上下册)(原书第 5 版). 秦鹤, 林明, 译. 北京: 机械工业出版社.

嵩天, 2019. Python 语言程序设计. 2020 年版. 北京: 高等教育出版社.

嵩天, 礼欣, 黄天羽, 2017. Python 语言程序设计基础. 2 版. 北京: 高等教育出版社.

王学军, 胡畅霞, 韩艳峰, 2017. Python 程序设计. 北京: 人民邮电出版社.

闫俊伢, 2016. Python 编程基础. 北京: 人民邮电出版社.

杨佩璐, 宋强, 2014. Python 宝典. 北京: 电子工业出版社.

尤瓦尔·赫拉利, 2017. 未来简史从智人到神人. 林俊宏, 译. 北京: 中信出版集团.

约翰·策勒, 2018. Python 程序设计. 3 版. 王海鹏, 译. 北京: 人民邮电出版社.

赵璐, 2018. Python 语言程序设计教程. 上海: 上海交通大学出版社.